강호철 교수와 함께하는

세계의 명품 정원

PHOTOGRAPH & WRITTEN BY 강호철

Spacetime

| 일러두기 |

※사례는 6개의 영역으로 임의 구분하였고, 국가 및 도시로 안배하였다.

※팜플렛과 인터넷, 신문, 도서를 참고하였고, 필자의 주관적 견해를 함께 기술하였다.

※모든 사진은 필자에 의한 기록물이며, 답사 년도와 월을 명기하였다.

※장소나 지명은 고유명사를 사용하였으나, 시설이나 기능에 따른 설명은 주관적 판단에 따랐다.

※사진은 공간적 구성요소와 기능 및 분위기 전달을 우선하였다.

※평면도와 조감도를 싣지 못해 아쉽다. 사례별 홈페이지를 참고 바란다.

| 책을 내며 |

한 권의 책을 낸다는 것이 결코 쉬운 일이 아님을 다시금 깨닫게 된다.
전공과 취미를 아우르며 해외 도시 나들이를 시작한지 꼭 30년---
선진 도시의 녹색환경을 살펴 이를 잘 활용한다면 삭막하고 열악한 우리의 도시환경을 개선하는데 큰 도움이 되겠다는 단순한 생각으로 시작된 해외답사는 본인 평생의 과제이자 생활로 이어지게 되었다.
시일이 지나며 답사 주제는 '선진도시의 녹색환경과 문화 & Landscape'로 다듬어졌다.

해외 나들이가 시작되던 90년대 초반에는 경제적으로 우리 현실과 너무 다른 모습의 선진도시 환경에 주눅 들기 일쑤였다.
답사가 거듭되며 많은 자료들이 쌓였고 이들 자료는 교재 활용은 물론, 공무원이나 사회교육 현장에서도 유용하게 활용되었다. 한편 사회적 인식이 부족한 조경분야의 중요성과 역할을 널리 알려야겠다는 생각으로 도시환경과 조경에 관련된 여러 주제의 사진전시회도 개최하였다.

최근에는 정원이 일반인들로부터 각별한 관심과 사랑을 받으며 인기몰이를 하고 있다. 필자는 대학원 시절 정원학을 수강했지만, 주 전공이 아니라 학생들을 가르치지 않았다. 하지만 조경식물을 전공한 탓에 평소 정원에 남다른 관심을 가졌던 게 사실이다. 오랜 기간 답사하며 축적된 자료 더미 속에서 정원관련 내용을 추려 나름대로 분류하여 보았다.

정원이 주 전공이 아닌 관계로 이 책의 발간이 부담스러웠고, 제목 선정에도 기행이나 답사 기록, 도록圖錄 등 많은 고민을 하였다.
힘들고 어렵게 수집한 자료들을 많은 사람들과 공유하자는데 의미를 두고 큰 용기를 얻게 되었다.

오랜 세월과 정성으로 빚은 숙성된 정원에서 나오는 깊고 은은한 향기를 많은 분들에게 전하고 싶다. 맑고 밝은 기운이 함께하길 바라는 마음으로---

출판을 위하여 격려와 도움을 주신 여러분께 다시 감사드린다.
구성이나 내용이 다소 주관적이고 미흡할지라도, 정원 애호가를 비롯하여 정원관련 분야 발전에 작은 도움이 되길 바란다.

2019년 9월
칠암벌 연구실에서

| 추천의 글 |

세계의 명품 정원의 출간을 축하합니다.

조경을 전공하는 학자로서 정원은 오랜 관심사이다. 저는 정원설계를 강의하며 스스로 정원 만들기와 아름다운 정원이라는 저서를 발간하기도 하였다. 작은 정원이 있는 단독주택에 살며 아파트에서의 삶의 방식과 다른 바쁘면서 행복한 삶을 누린다.

정원에는 아름다운 꽃과 열매, 단풍, 꿀벌과 나비가 있는 소생태계이다. 인간은 그들이 꿈꾸는 이상향을 정원을 통하여 구현하고자 한다. 때로는 정원은 문학과 음악, 예술과 조경의 만남의 장소가 되기도 한다. 우리가 살고 있는 이곳이 지구의 정원이다.

저자는 정원이나 경관, 답사라는 단어만 들어도 흥분되고 그 자체가 삶의 목적이자 환희라고 표현하며 새로운 환경과의 만남을 좋아하는 잡식성 기록자라고 스스로 말하고 있다. 여기에는 저자의 개인적 선호나 감정만이 아닌 경관의 긍정적 측면을 독자들과 공유하고자하는 바람이 자리잡고 있다.

이 책은 강 교수가 25년에 걸친 해외답사에서 기록한 30만 장에 달하는 자료를 토대로 만들어졌다. 직접 답사한 생생한 자료와 상세한 설명이 있어 책을 넘기다 보면 독자 스스로 정원을 산책하는 주인공이 되리라 생각한다.

책을 발간하기까지 저자의 노력과 열정에 경의을 표한다.

'강호철 교수와 함께하는 세계의 명품정원'은 독자들에게 여유를 갖고 행복한 삶을 누리는데 큰 도움이 될 것으로 확신한다. 한편 정원에 대한 관심을 높이는데 기여할 것이며, 정원과 조경을 널리 이해시키고 알리는 홍보대사가 될 것으로 기대된다.

2019년 10월

(사)한국조경학회장, 서울시립대학교 조경학과 교수 이 상 석

| 추천의 글 |

세계의 정원을 한권에 담다.

이 책을 읽으면서 강호철 교수는 진정한 정원의 전도사요 포교사라는 것을 다시 한 번 확인할 수 있었다. 지난 20여 년 동안 세계의 정원들을 둘러보며 기록하여 정원의 생생한 모습과 얽힌 속내를 들려주고 있다. 몇 년 전 '교토의 정원'을 통해 일본정원의 민낯을 보여주더니, 이번에는 전 세계의 정원을 한권의 책으로 묶어 내 놓는다. 자료 수집을 위한 시간과 경제적 투자도 대단하지만, 정원을 살피고 기록하며 정리한 정성의 부피를 생각하면 누구도 고개를 숙이지 않을 수 없을 것이다.

정원이라는 것은 특정 시대와 장소에 살았던 사람들의 삶의 흔적이 담긴 살아 숨 쉬는 역사와 문화의 텍스트이다. 정원에는 사랑하는 사람들의 불타는 애정이 녹아 있고, 어머니와 자식의 넘치는 사랑이 스며있으며, 친구간의 끈끈한 우정과 군주와 신하들 사이에 존재했던 진한 감동의 사연도 담겨있다. 어디 그것뿐이겠는가? 정원에는 시기와 질투가 빚어낸 욕망과 좌절의 어두운 그림자가 드리워져 있고, 나라를 잃어버리게 될 군주의 애끓는 슬픔과 헛된 꿈으로 인해 무산된 인간의 욕망이 담겨있기도 하다. 이것을 보면 정원은 그것이 조성되었던 시대와 장소에 몸을 의탁했던 사람들이 서술한 서사시가 아니고 무엇이겠는가?

필자는 바로 이러한 점에 착안하여 정원에 담겨있는 내용을 풀어내고, 숨은 진실을 사진으로 담아낸 것이다.

지금 우리는 정원에 대한 관심이 역사상 유래가 없는 특별한 시대에 살고 있다. 과거 개인의 전유물이었던 정원이, 지금은 많은 사람들에게 일상의 쉼터가 되고, 삶에 지친 심신의 치유를 돕는 공공정원이 우리들 주변에 만들어지고 있다. 필자는 최근에 형성되고 있는 이러한 정원의 새로운 트랜드를 전달하고 싶었던 모양이다. 식물원, 뮤지엄과 조각정원, 정원박람회, 정원도시는 지난날 유행했던 개인정원이 아니라 공공을 위한 정원들이기 때문이다.

강호철 교수는 사진과 정원을 함께 좋아하는 전문가이다. 정원에 대한 사진은 정원을 경영했던 주인공과 그 정원을 만든 나그네가 입력해놓은 코드를 파악해야만 제대로 된 사진을 얻을 수 있다. 이것은 정원에 대한 깊은 이해가 없이는 불가능한 일이다. 이러한 측면에서 본다면 이 책에 수록한 1400여 컷의 사진은 실로 눈 밝고 귀가 트인 사람만이 얻을 수 있는 결과이다.

이 책을 읽는 독자들은 필자가 추구한 사진에 숨겨진 암호를 해독해보기를 권한다. 그것은 정원을 경영한 사람과 만든 사람의 사연을 발견할 수 있는 방법이 될 것이다. 사진 속에 숨어서 드러나지 않는 이야기를 들을 수 있다면 그 독자는 정원에 심취할 것이다.

부디 이 책이 정원을 전공하는 이들은 물론, 정원을 좋아하는 일반 독자들에게도 큰 감흥을 일으키기를 기대해본다. 그리하여 우리들이 살아가는 삶의 단편을 발견하고, 그것에서 또 다른 인생의 의미를 찾는다면 이 책을 쓴 필자에게는 커다란 축복이요, 독자들에게는 더할 나위없는 행복이 될 것이다.

2019년 10월

(사)한국정원디자인학회장, 태화강정원박람회 조직위원장, 동국대학교 조경학과 교수 홍 광 표

| 추천의 글 |

공동체의 공간적 서사를 찾아서

같은 지구촌이라지만 지역마다 풍경은 다르다. 고층 건물과 차량의 물결은 이제 어디서든 흔하다. 그렇지만 좋은 공원과 식물원, 잘 보존된 공원이나 정원을 품은 도시는 그다지 흔치 않다. 그러한 도시는 대개 문화적 아우라를 강하게 내뿜는다. 과연 우리에게는 자랑할 만한 오래된 정원이나 공원, 훌륭한 식물원이 얼마나 있는가?

역사학자 유발 하라리는 인류의 발전 동력으로 공동체성을 꼽았다. 이 공동체성을 이루는 것이 바로 집단적 서사인데, 신화나 전설, 의례 등이 대표적이다. 하지만 정체성과 문화 코드가 집약된 정원이나 공원이야말로 공동체의 공간적 서사라고 할 수 있다. 이러한 점에서 강호철 교수의 〈세계의 명품정원〉은 한 사회가 가진 정원과 공원의 의미와 역할, 그리고 중요성을 다시금 생각하게 한다.

소개된 명품정원의 소재지들은 대개 상당한 품격과 자존심의 도시들이다. 좋은 정원과 공원, 도시의 품격, 사회 발전상이 밀접하게 연관됨을 알 수 있다. 이 책은 도시 중심으로 발전하고 있는 오늘날의 세계에서 바로 그 도시의 잠재력이 어디에 있는지를 뚜렷이 보여주었다. 이제 우리의 녹색 문화경관이 외국에서 세계의 명품정원으로 소개되는 날을 기대해 본다.

2019년 10월

한양대 명예교수, 한국조경학회 고문, 전'환경과 조경' 발행인 오 휘 영

도(道)를 좇는 예술가, 강호철

강 교수와는 30년 가까이 같은 대학에 근무하지만 1년에 서너 차례, 그것도 대개는 우연히, 마주치는 사이이다. 서로 내성적인 탓도 있지만, 강 교수가 틈만 나면 세상을 누비는 까닭이다. 지금도 발리에서 카톡으로 서문을 청해왔다.

강 교수의 사진에는 그의 그림자가 느껴진다. 그냥 셔터를 눌러 찍혀진 사진들이 아니라, 렘브란트의 그림처럼 몇 시간이고 '바람과 빛風景이 완성되기를 기다려 찍은 흔적이 역력하다. 때로는 먼 길을 다시 찾아가 찍은 사진들도 있다. 그래서 그의 사진은 공간뿐만 아니라 시간까지 담고 있으며, 조경기록으로서 뿐만 아니라 사진예술로서도 손색이 없다.

강 교수는 세상의 정원을 모두 그 큰 눈에 담고 싶은 모양이다. 그래서인지 그의 눈은 늘 굶주린 표범 같다. 날카로운 심미안으로 필터링하여 요연하게 정리한 사진집은 '세계의 정원박물관'으로서 후학들에게 소중한 자료의 역할을 할 것이며, 우리나라 정원문화 발전에 자양분 역할을 할 것이다.

기도하듯 오체투지로 세상을 누비는 고행을 통해 얻어온 한 컷 한 컷의 사진은 그의 땀에 젖어 있는 것 같고, 그의 혼이 새겨져 있는 것 같다. 쉴 줄 모르는 그의 고행에서 기술과 예술을 넘어 도道를 추구하는 종교적 예술혼이 읽혀진다.

2019년 10월

경남과학기술대학교 대학원장, 문학박사 이 석 영

| 추천의 글 |

정원 하나하나가 찾고 싶은 버킷리스트

식물원과 정원, 식물원에 심겨진 식물들은 이력이 관리된다. 그래서 보전, 자원화, 분류, 교육 등 연구의 기반이 되고 있다. 특별한 정원의 한 종류이지만 식물원엔 다양한 주제의 정원들이 있으니 한 몸과도 같다. 식물원과 수목원, 나무에 좀 더 마음을 품은 공간을 수목원이라 이름붙일 뿐이니 이 또한 같은 공간이지요.

"세계의 명품정원" 이란 의미 있는 책에는 식물원에서 시작하여 세계 곳곳에 아름다운 정원들이 담겨 있습니다. 궁전, 미술관, 공원과 같은 목적은 달라도 식물로 행복한 정원을 담은 공간들이 소개됩니다. 더욱 의미 있는 원예박람회와 같이 작가들의 정원은 물론 정원에 관련된 산업들을 만날 수 있습니다. 그리고 정원이라는 관점에서 바라본 도시도 있지요.

조경을 전공하여 평생을 가르치셨으며 세계의 정원을 담아 온 저자는 정원이 얼마나 아름다우며, 함께 발전해야하는 산업이 있음을, 그리고 궁극적으로 문 앞의 한 평 정원에서 내가 사는 공간, 나아가 우리가 머무는 도시 전체가 정원처럼 아름답기를 갈망합니다. 그리고 그곳에서 우리 모두가 행복하기를 바라는 마음이 담겨 있는 듯합니다.

이 책은 이 분야를 공부하는 수많은 이들이 곁에 두고 펼쳐보며 시야를 넓혀가게 될 것이며, 제게는 하나하나 찾아가서 만나고 싶은 버킷리스트가 될 듯합니다.

2019년 10월

국립수목원장 이 유 미

세계의 정원문화를 집대성한 결정판

시성이자 문호로 추앙받는 헤르만 헤세는 '정원에서의 생활은 인생에서 누리는 마지막 사치'라고 했다. 그는 정원에 관한 두 권의 책을 통하여 정원일의 가치와 즐거움을 전해준다.

강호철 교수는 그동안 '세계도시의 녹색환경과 문화'와 '교토의 정원'그리고'경관일기'를 통하여 도시환경과 정원의 문화적 가치와 중요성을 강조해 왔다.

정원은 물질 만능과 정신결핍으로 만연된 현 세태를 치유하는 하나의 백신이라 생각된다.

이 책은 조경가의 시각으로 도시 환경과 경관, 생태, 임학, 원예, 사진 영역을 총 망라한 정원문화의 결정판이다. 지친 마음을 다스리고 싶다면, 책을 펼쳐 정원 여행을 떠나라 권하고 싶다.

2019년 10월

한국조경신문 발행인, 조경기술사 김 부 식

정원의 세계사

박재현 국립경남과학기술대학교 교수/시인

정원은 소우주다.

자연의 돌, 풀, 나무, 물을 끌어들여 조성한 집 앞 소생태계다. 눈만 뜨면 이런 소우주를 바라보는 사람은 얼마나 행복할까. 멀리 가지 않아도 숲이 있고, 산이 있고, 자연이 눈 앞에 펼쳐진다.

도시에는 아파트, 각종 건물들이 집결된 곳에 공원이 조성된다. 정원이 확장된 공원이다.

저자 강호철 교수는 정원, 정원이 확장된 공원을 우리나라에서 머물지 않고 세계로 확장시켰다. 세계의 정원을 바라보며 정원을 학문으로 발전시켰고, 정원의 세계사를 독자들이 눈으로 직접 보도록 사진으로 기록하였다.

고산자 김정호가 대동여지도를 만들 듯 저자는 정원의 세계사를 정립했다. 한 사람이 역사를 바꿀 수 있다. 저자는 정원의 역사를 새로 썼다.

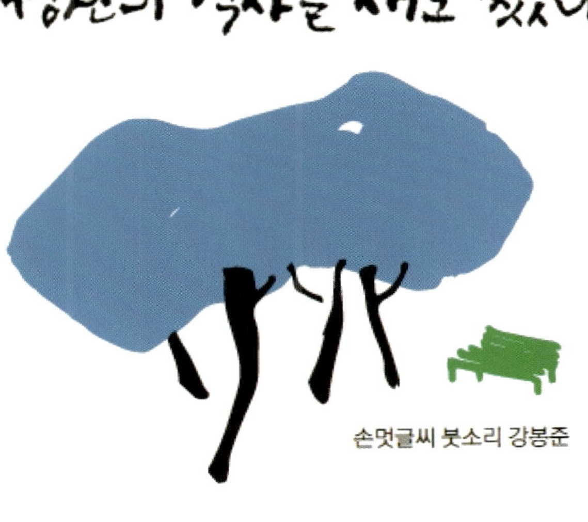

손멋글씨 붓소리 강봉준

| 목차 |

01 식물원

02 궁궐 및 황실정원

03 뮤지움과 조각정원

04 꽃과 원예 및 정원 박람회

05 정원 도시

06 그 밖의 정원

01 식물원

에딘버러 식물원 *United Kingdom, Scotland*
Royal Botanic Garden Edinburgh

답사 : 2010. 7.

영국에서 두 번째로 오래된 유서 깊은 식물원으로 1670년에 개관했다.

17,000여 종의 식물과 3백만 점에 달하는 석엽 표본, 107개국 4,247개 기관과 교류협력을 통한 식물 정보교류 및 식물 다양성 보전 등 국제활동을 활발히 수행하는 식물원이다.

식물원 본연의 역할인 수집과 전시, 교육, 연구, 보전 및 휴양 부문에 걸쳐 다양한 활동을 꾸준히 전개하고 있으며 세계적으로도 그 역사와 명성이 높은 기관으로 꼽힌다.

설립 이후 식물원이 위치하고 있는 지형 및 기후조건의 한계를 보완하기 위해 산악지형의 독특한 환경을 기반으로 하는 4개의 지역 분원을 추가로 조성하여 운영하고 있다.

조형물 같은 온실

식물원은 유아를 동반한 가족나들이 명소

조형물 같은 모습의 온실

식물원은 거대한 도시 숲이다

세계적으로 역사와 명성이 높은 에딘버러 왕립식물원은 여타 식물원과 마찬가지로 식물의 수집 증식과 전시를 비롯하여 교육과 연구, 보전 및 휴양부분에 걸쳐 매우 좋은 평가를 받고 있다. 조성 역사가 오래된 유럽의 식물원들이 대부분 그러하듯 이 식물원도 거대한 숲으로 이루어져 있다. 우선 보기에는 일반적이고 평범한 숲이고 시민공원이나 다름없이 인식되지만, 내부적으로 수행되는 역할은 매우 알차고 체계적이며 광범위하다.

높은 생울타리를 이용한 Gate

1670년 설립된 식물원은 본원과 3개의 분원을 보유하고 있다. 본원은 28ha(약 8만 5천평) 규모로 도심에서 가까이 위치하여 시민들의 여가공간으로 사랑받는다. 왕립식물원은 세계 각국의 많은 식물원들과 유기적으로 협력하고 있다.

다육식물 온실

공간 영역을 구분 시켜주는 생울타리

공간의 품격을 높여주는 환경조각

달렘 식물원 *Germany, Berlin*
Botanical Garden and Botanical Museum Berlin

답사 : 2017. 7.

베를린 최초의 식물원이며 43ha 면적에 22,000여 종의 다양한 식물을 보유하고 있다.

1679년 과일과 채소밭을 조성하였던 것이 식물원의 시초다.

설립의 주된 목적은 당시 식민지에서 독일로 가져온 이국적인 식물을 수용하고 연구하기 위함이었다.

수집 및 표본 제작 등 학술적인 측면은 물론, 동시에 연간 50만 명이 찾는 시민들의 여가공간이자 생태학습장으로서의 역할도 담당하고 있다.

1,350종의 열대식물이 생육하는 여러동의 온실을 보유하고 있는데 이는 세계에서 가장 큰 규모다.

학술과 사회적인 측면에서 베를린 및 독일의 중요 문화 자산으로 인식되며 소중하게 관리되고 있다.

경사지를 이용한 생태연못

환경조각

담쟁이로 피복된 운치있는 건축물

그늘진 곳에서도 잘 자라는 지피식물(노루오줌, 옥잠화)의 활용

조형미가 돋보이는 온실

생태연못

초화원

입구 광장의 조각상

운치있는 레스토랑

장미원

싱가포르 국립식물원과 오키드 가든 *Singapore*
Singapore Botanic Garden, National Orchid Garden

답사 : 2003. 1 · 2005. 1 · 2008. 2 · 2009. 12 · 2013. 1.

싱가포르 보타닉 가든은 식민지 시대에 영국인들이 설계하고 조성하였다. 52ha 면적에 전 세계 희귀종을 포함한 다양하고 풍부한 열대 식물을 전시하고 있다. 19세기부터 동남아시아 식물 연구의 중심적인 역할을 담당해 왔으며, 20세기 들어 고무나무 재배의 확산에 크게 기여했다.

이 식물원은 지금껏 열대 식물학 및 원예 부분에 주도적인 역할을 해왔다. 개원 당시의 조경 디자인이나 용도의 큰 변화 없이 오늘날까지 그대로 유지하고 있어 더욱 의미가 있다.

최근 지하철 식물원역이 생겨 이용하기에 더욱 편리하다. 도심에 인접한 곳이지만 생태연못을 비롯하여 열대우림을 체험할 수 있는 싱가포르의 허파구실을 하는 녹색지대이다. 잘 가꾸어진 국립식물원을 무료로 개방하여 많은 시민들로부터 사랑받는다. 국민 누구나 자연에서 산책하며 여가를 즐기며 건강을 챙길 수 있는 복지시설이나 다름없다. 한편 식물원의 유지 관리 못지않게 시민들을 위한 체험 학습이나 요가, 건강증진, 문화 등 다양한 이용프로그램들이 활성화 되어있다. 분수와 야자수 녹음수가 매력적인 입구광장과 숲속에 위치한 레스토랑도 인기가 높다.

야자수원

야자수 그늘이 있는 입구 광장

물 소리와 향기로 맞이하는 입구

오키드 가든

오키드 가든National Orchid Garden Singapore은 싱가포르 식물원 내에 있다. 세계에서 몇 안 되는 난초정원으로 인기가 높다. 부지가 넓지 않으나 유료입장이며 수 많은 난초들이 열대의 숲 속에서 자태를 뽐낸다. 희귀한 난초들이 전시되어 있는 특별한 테마정원이다. 국가원수나 유명인사들이 방문하면 새롭게 육성된 품종을 이름 지어命名 주기도 한다. 우리나라 역대 대통령의 이름을 딴 난초도 있다. 2015년 유네스코 세계문화유산으로 지정되었다.

난초터널

열대 숲속의 공중 산책로

사계절 변함없이 꽃이 있는 난초정원

반두센 식물원 *Canada, Vancouver*
VanDusen Botanical Garden

답사 : 2003. 7 · 2014. 7

고요하고 아름다운 연못과 다채로운 꽃, 나무들이 어우러진 밴두슨 식물원은 밴쿠버 최대의 식물원이자 매력적인 정원으로 인기를 누린다.

골프장으로 사용되던 부지를 시 당국에서 매입하여 지난 1975년 식물원으로 탈바꿈시켰다. 22ha 부지에 7,500여종의 수목과 초화, 60여종의 조류, 다른 곳에서 쉽게 접하기 힘든 희귀 식물들을 두루 확보하였다.

인공적 요소를 가급적 배제하고 자연지형을 최대한 살렸다.

4개의 큰 호수를 중심으로 허브정원과 어린이 가든, 장미원, 명상의 정원, 캐나디언 가든 등 크고 작은 11개의 주제 정원으로 구성되어 있다.

한편 이곳 식물원에는 한국 전통의 육각 정자도 만날 수 있다.

생태 연못의 수면을 뒤덮은 노랑어리 연꽃

해시계와 기념 흉상

환경조각은 식물원의 품격을 높여준다

노약자를 위한 식물원 투어

자연과 인공미가 조화를 이룬다

호텔 수준의 레스토랑과 방문자 센터

화가의 정원

식물원은 숲과 잔디광장, 연못과 조형물이 어우러진 정원이다

시드니 왕립 식물원 *Australia*
Royal Botanic Garden Sydney

답사 2008. 12.

식물원의 한 쪽 면은 바다이고, 또 한 쪽은 고층 빌딩들이 밀집한 다운타운에 접하고 있어 도심 속 오아시스나 마찬가지다. 시드니의 랜드 마크인 오페라 하우스 인근에 위치하여 많은 외국 관광객들이 쉽게 이용할 수 있다.

1816년부터 원형 그대로 보존되어 온 이곳은 특히 다양하고 희귀한 식물들을 많이 보유하고 있다. 양치식물원, 소나무 숲, 열대식물원, 멸종위기 식물관, 선인장 정원, 장미정원, 허브 정원, 야자수 수종원 등 10여 개의 테마 공간으로 이루어져 있다.

시내는 물론 오페라하우스와 가깝고 주변 바다 풍광이 수려하여 시민과 관광객들에게 대단한 인기를 누리는 시드니의 거실이자 휴게쉼터나 다름없다.

식물원과 해안 산책로

호주의 특산식물 유카리 나무

식물원은 열린 문화 공간이다

도심과 맞닿은 식물원

해안 산책로(외쪽은 식물원)

도심과 인접하여 이용이 편리하다

식물과 맞닿은 도심공간

호주 특산 화석 식물 울레미아 소나무

도심에 인접한 거대한 도시 숲이다

시드니 도심에 인접하고 바다와 접한 식물원은 멋진 풍광을 자랑한다. 그래서 산책이나 조깅하기에 최적의 명소로 꼽는다. 독특한 외관을 자랑하는 오페라하우스와 하버브릿지가 멋진 모습으로 식물원의 배경이 되어준다. 도시공원과 같이 무료로 개방되는 왕립식물원은 시드니의 관문이자 얼굴이고 정원이나 다름없다.

오페라하우스의 외양도 특출하지만, 녹색 배경이 되어주는 식물원의 역할도 실로 크다.

Welcome
What's On
Lower Gardens

더니든 식물원 *New Zealand, South Island*
Dunedin Botanic Garden

답사 : 2012. 12.

뉴질랜드에서 가장 오래된 식물원으로 1863년 개관했다.

평지와 구릉지를 포함한 방대한 면적을 자랑하는 이 식물원에는 6,800여 종의 식물을 보유하고 있다.

만병초를 비롯한 각양각색의 진달래과 수종들의 품종원이 인상적이다.

열대식물과 선인장류 등이 있는 에드워드 윈터 가든, 허브의 전통적인 사용법에 대한 정보를 접할 수 있는 허브 가든, 장미원과 동백나무 가든 등 시각적인 즐거움은 물론, 다양한 정보를 제공하고 있는 것이 특징이다.

멸종위기 종과 뉴질랜드 고유의 식물이 가득한 구릉지 전시원과 숲이 특이하고 매력적이다.

중심에 위치한 상징온실

도시공원을 방불케 하는 식물원

회양목으로 구획된 구근식물원

분수 광장

그루터기를 활용한 환경조각

그늘이 있는 잔디 광장

관찰로

COMMUNITY
EXPRESS

웁살라대학 식물원과 린네가든 *Sweden, Uppsala*
Linne Botanical Garden & Uppsala University

답사 2017. 7.

스웨덴이 낳은 세계적 식물학자 칼 폰 린네Carl Von Linne, 1707–1778의 이름을 딴 식물원이다.

린네는 생물의 종과 속을 정의하는 한편, 식물의 분류 체계를 정립하였으며 동 · 식물의 이름을 속명과 종명으로 묶어 표기하는 2명식 학명을 창시하였다.

이 식물원은 1655년 웁살라 대학의 교수가 연구를 위해 조성하기 시작하였으나 화재와 재정적 어려움으로 방치되어 오다 린네에 의해 제 모습을 갖추게 되었다.

정원에는 린네가 체계화 시킨 24개 강綱, class에 맞추어 다년생 식물 전시원과 일년생 전시원, 봄 전시원과 가을 전시원으로 구분하여 조성되어 있다.

식물원 한 켠에는 린네가 가족과 함께 거주하며 연구하던 모습을 그대로 볼 수 있는 린네 기념관이 자리하고 있어 많은 관광객이 찾는다.

환경 친화적인 도시 웁살라

웁살라 대학 식물원

세계적인 식물학자 린네가 연구하며 조성한 식물원

생울타리와 토피아리(정형수)

린네식물원의 썬큰 분수

린네가 살던 웁살라는 아담한 규모의 대학도시로 젊은이들이 많아 활기차다. 시내는 맑은 강이 흐르고 꽃과 숲이 많아 꼭 정원도시 같이 푸르고 아름답다. 그가 재직했던 웁살라 대학은 물론, 시내 곳곳에서 식물학자 린네와 식물에 관련된 흔적과 분위기를 만날 수 있다.

시내는 자동차 보다 자전거가 많아 거리가 깨끗하고 조용하다. 250여 년 전 린네가 연구하며 수집한 식물원은 옛 모습을 간직한 채 탐방객을 맞고 있다. 소하천이 도심으로 흐르는 운치 있는 웁살라는 식물학자 린네의 삶과 결코 무관하지 않은 느낌이 든다. 여유로운 녹색환경과 젊음이 가득한 대학도시의 낭만적인 분위기가 현대도시와는 사뭇 다른 분위기다.

웁살라 시내의 환경조각

웁살라 시내

연못처럼 잘 가꾸어진 시내 하천

Sedum을 비롯한 다육식물 전시장

웁살라 대학 식물원

대학식물원의 식물표본원

녹색의 여유로움이 돋보이는 웁살라 시가지

그 외 식물원

헬싱키대학 식물원 *Finland 2014. 5.*

보고르 식물원 *Indonesia 2014. 12.*

브리지번 식물원 *Australia 2018. 12.*

버클리대학 식물원 *USA 2014. 6.*

도쿄 진다이神代 식물공원 *Japan 2016. 4.*

팔멘가든 *Germany 2015. 7.*

선진국의 식물원은 정원처럼 아름답게 잘 가꾸어져 있다. 시민들이 자연과 만나는 장소이자 여가 공간으로 사랑받는다. 카페와 레스토랑, 어린이 놀이시설까지 갖추어 매우 편리하다. 대부분의 선진 도시들은 식물원에 많은 관심과 투자를 아끼지 않고 있다. 식물원은 도시의 문화 척도로 가늠되기도 하며 시민들의 각별한 사랑을 받기도 한다. 식물원이 다양하고 많은 식물만 전시해 놓은 장소가 아니다. 계절마다 변화하는 환경과 함께 특색 있는 이벤트가 마련되고 문화 정보가 소통되는 거점이 되기도 한다. 자연과 함께하며 보다 품격 있고 여유로운 삶을 추구할 수 있는 문화공간으로 인식된다. 그래서 이곳에 근무하는 전문가들의 인기와 위상도 매우 높은 편이다.

퀸 엘리자베스 식물공원 *Canada 2014. 7.*

로키 슈미트 식물원 *Germany 2017. 7.*

다양한 식물을 확보하여 전시하는 것도 중요하지만 곳곳에 매력적인 환경조각품을 배치하여 공간의 품격을 높여준다. 오랜 역사를 가진 선진국의 식물원들은 매력이 넘치는 정원으로 인식되는 경우가 많다. 그래서 일반 시민들도 여가 문화 공간으로 여기며 즐겨 이용하게 된다.

계절마다 화사한 꽃이 피고 다양한 문화축제가 기획되며 자연과 절묘한 조화를 이루는 환경조각품이 공간의 활기를 부여하고 품격을 높여준다. 매력적인 화원이나 조각정원처럼 가꾸어진 식물원도 흔히 만날 수 있다.

교토 부립 식물원 *Japan 2019. 5.*

야외 조각

멜번 식물원 *Australia 2008. 2.*

레스토랑

채소원(주말농장용)

무늬식물의 활용

입구광장

런던 서남부 교외에 위치한 왕립 Kew 가든은 1759년 개원한 이래 세계 각처에서 수집한 식물자원과 표본 등 관련 자료를 가장 많이 보유하고 있는 '세계식물은행'과 같은 존재이다. 식물 다양성과 실용식물학 연구에 많은 기여를 하였으며 2003년 유네스코 세계문화유산으로 등재되었다.

뉴욕 식물원 *USA 2007. 7.*

한국특산식물 구상나무 변이종

Kew 가든 ***England 2004. 7 · 2010. 7.***

왕립식물원의 상징 팜하우스 2004. 7.

암석원과 데이비스 고산식물원(Davies Alpine House)

어린이 놀이시설

02

궁궐 및 황실정원

베르사유 궁 *France, Paris*
Versailles Garden or Chateau de Verailles

답사 : 2004. 7. 11 · 2006. 7. 22.

베르사유 궁전은 17세기에 건립되어 루이 14세부터 루이 16세까지 프랑스 왕들이 거주했던 곳이다. 여러 세대를 거치며 건축, 조각, 장식, 정원 등 각 분야 최고의 장인들이 최선을 다하여 아름답게 장식한 이 궁전은 가장 이상적인 왕궁의 모델로 평가 받는다.

95ha에 달하는 정원은 현재까지도 루이 14세 당시의 옛 모습을 고스란히 간직하고 있다. 루이 16세에 의해 1776년 대규모 정원 공사가 행해진 이후로 한 세기마다 주기적으로 많은 나무를 심는 등 대대적인 보수공사를 시행하여 왔다.

궁의 양 측면과 전면에 위치한 세 개의 정원은 대칭으로 구성된 기하학적인 아라베스크 문양을 취하고 있다. 꽃이 가장 많이 피는 8월이면 궁원의 화단은 온통 화사한 꽃동산으로 변한다.

프랑스의 평면 기하학식 정원의 원조이자 상징으로 평가 받는 이 정원은 유럽은 물론, 지구촌 곳곳의 정원문화에 수 많은 영향을 주었다.

왕실의 권위를 상징하는 좌우대칭 구도의 거대한 정원

숲속의 산책로

물의 정원으로 불리는 감귤원

베르사유 정원은 '정원사의 왕'이라는 명예를 얻은 앙드레 르 노트르Andre Le Notre, 1613-1700에 의해 40년1661-1700에 걸쳐 조성되었다. 그의 손길이 닿은 수 많은 작품 중에서 가장 으뜸으로 평가 받으며 초기 모습을 온전하게 간직하고 있다.

대 운하는 루이 14세의 절대권력을 상징하는 정원의 중심축이다. 단순하지만 강렬한 이미지를 느끼게 하는 좌우 대칭 구도의 광활한 공간과, 시골다운 한적한 전원적 분위기는 극한 대비를 이루지만 절묘한 조화를 느낄 수 있다는 평가를 받는다.

농가마을 프티 트리아농 가는 길

당시 절대권력자는 정원과 숲으로 에워싼 대 운하에서 곤돌라를 타거나 수상경기를 즐겼다고 한다. 운하는 정원의 웅장함을 표현하는 수단이자 주변의 물을 처리하는 유수지 기능도 하였단다.

프티 트리아농Petit Trianon과 여왕의 작은 농가마을Hameau de La Reine은 베르사유 정원에서 가장 자연스럽고 소박한 곳으로 전원적 풍광이 매력이다. 그래서 복잡한 도시생활에 지친 현대인들에게 더 많은 관심과 인기를 누린다. 관광객이 붐비는 주요 동선에서 벗어난 곳으로 목가적 분위기를 느낄 수 있어 보다 한적하고 평화롭다.

벽면 녹화용으로 이용되는 상록성 담쟁이 Hedera

미라벨 정원 *Austria, Salzburg*
Mirabell Garden

답사 : 2015. 7. 16 ~ 20.

오스트리아의 잘츠부르크에 위치하며 호엔 잘츠부르크 요새와 잘츠부르크 돔 성당 사이에 남북으로 축을 형성한다. 이탈리아와 프랑스 궁전을 모델로 삼아 건설된 미라벨 궁전에 딸린 정원이다.

1690년에 조성되었으며 회양목의 기하학적 배열이 인상적이다. 1727년부터 7년에 걸쳐 현재의 모습인 자수정원, 미로정원, 바로크 동상, 분수 등으로 구성된 프랑스식 정원으로 정비되었다.

궁전에 예속되거나 조화롭다기 보다는 구 시가지와 강 건너 언덕에 자리한 잘츠부르크성Hohen salzburg을 잘 조망할 수 있도록 계획되었다는 의견이 지배적이다.

1818년 큰 화재로 궁전과 성이 모두 소멸되었지만, 이후 원형에 충실한 보수공사로 기본적인 양식을 그대로 재현하였다.

이 정원은 1960년대 폭발적 인기를 얻은 뮤지컬 영화 '사운드 오브 뮤직'에서 여주인공 마리아가 이이들과 도레미송을 불렀던 장소다. 이후 더 많은 관광객들이 이곳을 찾게 되고 잘츠부르크의 최고 관광지로 명성을 얻게 되었다.

페가수스 청동상

그리스 신화속의 영웅 조각

환경조각은 정원의 품격을 높여주는 악세사리

사운드 오브 뮤직의 배경이 되었던 정원

잘츠부르크의 에덴동산이라 불리는 미나벨 정원

중앙 분수 주위의 조각상(1690년 모스트 작품)

미라벨 궁전은 규모가 크지 않지만 각종 콘서트가 많이 열리는 곳이다. 특히 모자르트가 궁전의 대리석 홀에서 대주교를 위한 연주를 한 것으로 유명하다. 매력적인 정원이 있어 세계에서 가장 낭만적이고 우아한 결혼식장으로 인기가 높다.

꽃으로 장식된 궁전 앞 잔디광장

궁궐의 정원은 잘츠부르크의 작은 에덴동산으로 불린다. 정원의 규모는 작지만 아름다운 자수화단과 분수, 숲과 매력적인 조각상들이 조화를 이루어 도심의 휴식공간으로 인기가 높다. 중앙 분수를 중심으로 십자형의 대칭을 이루는데 이는 르 노트르Andre Le Notre, 1613-1700가 설계한 베르사유 궁원의 영향을 받고 있음을 암시해 주고 있다. 분수 주위에는 그리스 신화에 등장하는 영웅들의 모습을 조각한 Most의 작품이 운치를 더해준다.

새들과 놀고 있는 청동 조각상

알함브라 궁 *Spain, Granada*
Alhambra Palace

답사 : 2002. 6 · 2018. 7.

13세기 이베리아 반도에 정착한 이슬람 왕조 주도로 건설되었다. 크지 않은 규모이지만 극도로 절제된 세련미와 아름다움으로 스페인을 대표하고 상징하는 유적지이자 관광지 중 하나다.

기독교 문화권을 대표하는 도시에서 이슬람의 자취가 듬뿍 담긴 특이한 사례로 두 문화가 적절히 조화된 아름다우면서도 이색적인 장소이다.

현재 모습은 증축과 개수를 거쳐 14세기에 완성되었다.

처음 지어진 건축물이자 가장 전망이 좋은 장소인 알카사바Alcazaba 요새, 아라베스크 양식의 꽃이라 불리는 나사리Nazaries 궁전, 아름다운 정원과 분수의 헤네랄리페Generalife, 스페인 르네상스 시대의 산물인 카를Carlos 5세 궁전 등 크게 4개의 공간으로 구성되어 있다.

나사리 궁전을 상징하는 사자의 중정(中庭)

아라야네스 중정(Patio de Arrayanes)

물시계 구실을 했다는 사자의 분수

나사리 궁전

나사리 궁전의 중정 (Patio)

여름 별궁 헤네랄리페(Generallife)

Generallife

물의 궁전 헤네랄리페의 아세키아 중정

아름다운 여름 별궁 헤네랄리페

헤네랄리페 정원(부겐베리아)

술탄의 정원(Patio de la Sultana)

술탄의 정원

9세기 건립된 로마시대 성채 알카사바(AlcaZaba)

사이프러스(Cypress)

아름다운 정원 헤네랄리페

카를 5세 궁전

프레데릭스보르 성 *Denmark, Copenhagen*
Frederiksborg Castle

답사 : 2017. 7.

호수의 작은 섬 위에 건립된 이 성은 2대에 걸쳐 건축이 이뤄진 고성이다. 1560년 이 지역을 점령한 왕의 이름을 따서 지어졌고 주요 부분은 왕의 아들이 20여 년에 걸쳐 완성했다. 르네상스 양식을 띄고 있으며 특정 부분에서는 중세 건축양식이 두드러진다.

1859년 화재로 소실되었으나 이듬해부터 24년에 걸쳐 재건되었다. 박물관 내부에는 덴마크에서 가장 가치 있는 초상화들과 고대 미술품을 소장하고 있다.

호수 맞은편 평지에는 기하학식 구도의 매력적인 정원이 시선을 사로잡는다. 한편 산록의 구릉지로 이어지는 정원에는 다양한 쉼터와 잘 손질된 숲이 인상적이다.

호수에서의 유람선도 이용할 수 있어 시민들의 나들이 장소로 인기다. 하지만 도시에서 멀리 떨어져 자주 찾기가 쉽지 않은 것이 흠이다.

입구광장의 조각분수

고풍스런 조각 분수

생울타리로 된 정원 출입문

생울타리에 의한 공간 분할

회양목을 이용한 평면 기하학식 정원

정원으로 들어가는 성문

토피아리(정형수)

정원 산책로

평면 기하학식으로 구획된 정원

정교하게 다듬어진 수목(주목)과 조각은 전형적 유럽정원이다

성의 본체는 1878년 국립 역사박물관으로 활용되고 있다. 소장품은 주로 역사적 인물들의 초상화와 흉상, 드로잉과 사진들인데 덴마크에서 꽤 중요한 가치를 지닌 것들이다.

르네상스 건축과 아담한 호수 그리고 아름다운 바로크 정원이 어우러져 매력적인 풍광을 엮어낸다.

정갈하게 다듬어진 정원은 북유럽의 베르사유로 비유된다. 국내외 관광객들이 즐겨 찾는 이 도시의 자랑이자 명소이다.

잘 정돈된 정원 산책로

교토의 황실정원 *Japan*

교토에는 천황이 거처하였거나 황실가족이 이용하던 별궁 등 4개의 황실 공간이 지금까지 보존되고 있다. 교토 중심부에 위치한 교토 교엔京都 御苑에 있는 교토 고쇼京都 御所와 센토 고쇼仙洞 御所 그리고 도시 외곽에 위치한 가쓰라리큐桂離宮과 슈가쿠인 리큐修學院 離宮이다

슈가쿠인 리큐修學院 離宮 *Shugakuin imperial Villa*

슈가쿠인 리큐는1659년에 완성된 산장으로, 막부가 조성하여 천황을 위해 헌정한 일종의 별장이다. 면적이 54,500㎡에 달하는 저택으로 자연지형을 잘 이용한 계단 형태의 논밭에서는 현재까지도 농부들이 실제로 경작을 하고 있다.

논밭 사이로 이어지는 정원 산책로에는 잘 다듬어진 키 낮은 조형소나무가 인상적이다. 이 통로를 따라 이동하는 중간에 가미, 나카, 시모라는 3곳의 운치 있는 다실이 배치되어 있다.

정원의 규모나 우아함과는 달리 다실 내부는 화려한 장식이 없고 오직 소박하고 고상한 정취를 느낄 수 있다. 이곳을 관람하기 위하여는 교토 시내 교토 교엔에 위치한 궁내청에서 참관 예약을 하는 것이 좋다. 최근 현장에서도 접수를 받지만 정해진 시간에 입장을 보장받을 수 없다.

숲과 호수가 있는 고요한 정원 2011. 7.

자연계류를 따라 이어지는 산책로의 물소리가 정겹다 2016.11.

2016. 4.

2016. 4.

2016. 4.

2016. 4.

2014. 3.

2016. 11.

2016. 11.

2016. 4.

2016. 4.

2016. 4.

2016. 4.

2016. 4.

정비된 자연계류(석창포) 2016. 11.

2016. 11.

2016. 11.

가쓰라리큐桂離宮

현재의 모습은 17C에 완성되었는데 넓은 정원과 고풍스런 건축물이 어우러져 최고의 아름다움을 자아낸다. 건축물은 간소하고 소박한 재료를 사용하였지만 기품이 대단하다. 섬과 연못 주변에는 7채의 건축물과 인공으로 조성한 동산이 조화를 이루며 운치와 공간감을 더해준다. 산책로의 정교한 포장석과 디딤돌, 계단, 석등, 석조石組 울타리 등이 하나같이 단순하면서도 실용적이고 아름다움의 극치를 이룬다. 에도江戶시대 초기에 조성된 정원과 건축물은 창건 이래 큰 화재의 피해가 없어 원형을 유지하고 있다. 그래서 문화적 가치가 매우 높단다. 특히 별채와 정자, 다실이 조화를 이루는 모습에서 엄격하고 절제된 일본 특유의 건축과 정원의 매력을 유감없이 보여준다.

2016. 4.

2015. 5.

2015. 5.

산책로의 디딤돌 2007. 2.

운치있는 디딤돌 2007. 2.

2007. 2.

2007. 2.

2007. 2.

걷고싶은 정원 산책로 2015. 5.

2007. 2.

2007. 2.

2016. 4.

2011. 7.

2019. 5.

2019. 5.

2019. 5.

2019. 5.

교토고쇼京都御所

헤이안平安시대부터 메이지明治시대 2년까지 천황이 기거했던 곳이다. 부지는 사각형으로 높고 튼튼한 담장으로 둘러져 있으며 약 11ha 규모이다. 가장 중심이 되는 공간은 오이케니와御池庭정원이다. 연못을 중심으로 한 자갈밭과 운치 있는 디딤돌, 정교하게 다듬어진 소나무, 석등과 아치교가 자연스럽게 어우러진다. 이 정원은 연못 주변을 따라 산책하며 다양하게 펼쳐지는 경치를 감상할 수 있도록 설계된 회유식回遊式 정원이다.

맵시있게 다듬어진 소나무 2019. 5.

소나무 숲과 돌다리 2019. 5.

궁원의 주요 정원수는 소나무 2016. 4.

센토고쇼仙洞御所

퇴위한 천황을 위한 거처로 사용하기 위하여 1627년 조성되었으나, 1854년 화재로 소실되었고 이후 재건하지 않은 채 정원만 보존되어 있다. 그래서 흔히 생각하는 궁궐의 분위기와는 사뭇 다른 모습이다. 교토 시내 중심에 위치한 부지는 넓고 큰 나무가 많아 도시숲을 이룬다. 숲속으로 이어지는 정원 산책로를 이동하다 보면 운치 있는 다실과 아치교 석등이 요소요소에 배치되어 운치를 더해준다. 특히 연못가에는 무려 11만 여 개의 조약돌을 깔아 놓았는데 이 연못을 조망할 수 있는 위치에 다실이 자리하고 있다. 이 정원은 교토 고쇼와 함께 교토 교엔御苑에 위치하여 이용하기가 용이하다.

예약에 의한 제한된 입장과 가이드 투어 2019. 5.

조형된 소나무 독립수 2019. 5.

다실 울타라 2016. 4.

운치있는 정원 산책로의 돌다리 2016. 4.

교량위의 등나무 시렁 2016. 4.

쇤부른 궁 *Austria, Vienna*
Shenburn Palace

답사 : 2015. 7.

'쇤부른' 은 아름다운 샘이라는 뜻으로, 1619년 황제가 사냥 도중 이곳에서 아름다운 샘을 발견하여 유래된 이름이다. 합스부르크 왕가의 군주들이 주로 거처했던 장소이며 16세기 후반 신성 로마 제국 당시 귀족들의 여름 별장 겸 사냥터로 활용되었다.

베르사유 궁전에 버금 갈 정도로 화려하며 평면기하학적 구도로 조성한 넓은 정원이 아름답고 매력적이다.

1918년 합스부르크 왕조가 몰락한 후, 새롭게 탄생한 오스트리아의 국유재산으로 편입되었다.

현재는 박물관이자 유적지로 지정되어 관광자원으로 인기를 누린다. 궁 내부에 있는 동물원은 세계에서 가장 오래된 곳으로 유명하다.

생동감을 더해 주는 자수화단

170ha에 달하는 궁원은 1996년 유네스코 세계문화유산에 등재되었다. 궁궐건축은 로마형식으로 인공미를 극대화시켰으나 사치스러움은 자제하였다. 궁전의 품격을 높이고 보다 안정적 분위기를 위한 수단으로 넓은 정원을 조성하였는데 유럽의 궁전들과 큰 차이가 없다. 정원의 끝자락 언덕 위에는 개선문과 같이 전쟁에서의 승리를 기념하는 글로리에테Gloriette가 눈길을 끈다. 이곳에서 내려다 본 궁궐과 정원의 모습이 한 눈에 들어오며 매력적이다.

바로코 양식의 궁전과 자수화단

조각은 왕실 정원의 상징

역사속의 인물상

오스트리아 제국 로코코 형식의 여름 별궁으로 규모가 가장 크고 많은 방문객이 찾는 곳이다. 궁전은 한 시절 유럽을 호령하던 합스부르크 가문의 품격과 취향을 고스란히 담아 전해주고 있다. 유럽의 왕실 공간들은 대체로 여유로운 부지에 거대한 숲을 바탕으로 잘 가꾸어진 넓은 잔디밭과 화사한 꽃들로 장식되어 눈길을 끌고 분위기를 압도한다. 한편 주변 환경과 조화를 이루는 갖가지 인물상과 조형물, 그리고 연못과 분수가 설치되어 운치를 더해주며 위엄을 느끼게 한다. 왕조시대의 전유물은 시대가 바뀌어 일반인을 불러들이는 관광자원으로 활용되고 있다. 세상에 영원한 것은 없음을 깨닫게 된다.

조각 분수

물새를 위한 경사로

양탄자 같은 자수화단(Carpet flower bed)

주목

왕의 정원(Kongens Have) *Denmark, Copenhagen*
The King's Garden

답사 : 2017. 7.

문학에 관심이 많았던 당시의 왕이 여름 궁전으로 건설했던 덴마크 코펜하겐에 위치한 성이다. 1624년에 준공되었고 현재는 덴마크 문화를 대표하는 예술품과 왕이 소유했던 유물들이 전시된 박물관으로 이용된다. 주변의 넓은 뜰은 '왕의 정원'으로 잘 알려져 있는데, 성이 건립되기 이전부터 르네상스 양식으로 조성되었다.

매력적인 뜰은 현재 코펜하겐 시민들이 가장 좋아하고 즐겨 찾는 장소다. 왕실의 전유공간이 매력적인 도시 공원이자 시민정원으로 변신하여 사랑 받고 있다.

오래된 옛 성의 건축물은 유물 전시공간으로 활용된다. 규모가 작아 잘 가꾸어진 광활한 뜰의 숲에 묻혀 잘 보이지 않을 정도다. 이곳은 관리 상태가 양호하고 접근이 매우 좋아 도시의 거실이자 시민들의 여가 쉼터로 인기가 높다.

식물원 같은 정원

중세풍의 건축물이 담장처럼 에워싸고 있다

왕실 분위기가 묻어나는 격조 높은 정원

도심 가까이 위치한 '왕의 정원'은 정원이라기보다 도시공원에 더 가까운 분위기다. 하지만 규모에 비하여 정교하고 깔끔하며 관리수준이 빼어나 역시 왕의 정원이란 이름이 걸맞다는 생각이 든다.

시내에서 가깝고 교통이 편리하여 많은 시민들이 즐겨 찾는 명소로 활기가 넘쳐 보인다. 형형색색의 꽃들로 가득한 식물원 같은 장소도 있고, 주말농장 모델처럼 가꿔놓은 실용적인 체험 공간도 인상적이다.

수목으로 위요된 그늘 산책로

장미정원

시민들의 보금자리로 변신한 왕의 정원

중세 유럽을 빼 닮은 주변 주택가 풍광과 녹색의 정원이 절묘한 조화를 이룬다. 정성스럽게 가꾸어진 수목과 잔디광장, 조각품과 조형 놀이시설이 눈길을 끈다. 어린이와 노약자를 동반한 가족 나들이 모습이 유독 많이 보인다.

흔히 정원을 두고 '옥외거실'로 표현하는데, 이곳 역시 시민들의 여가쉼터이자 도시의 거실로 손색이 없어 보인다. 일반 시민들은 물론, 관광객들로 붐빈다. 한편 생울타리로 구획된 조용하고 오붓한 분위기의 작은 공간들도 많아 연인이나 가족단위로 이용하기에 편리하게 되어 있다.

그 외 궁원

돌마바흐체 궁 Dolmabahce palace *Turkey 2007. 7.*

궁전과 꽃시계

이화원頤和園 *China 2013. 8.*

괴석

헬부른 궁전 Hellbrunn palace *Austria 2015. 7.*

포츠담 상수시 궁전 Schloss Sanssouci *Germany 2017. 7.*

상수시 궁전은 프리드리히 대왕이 세운 로코코식 궁전

상트 페테르부르크 여름궁전 **Summer palace in St. petersburg** ***Russia 1995. 7 · 2018. 8.***

핀란드 만으로 통하는 운하와 분수가 매력적이다

03

뮤지움과 조각정원

크뢸러 뮐러 미술관 *Netherlands*
Kroller-Muller Museum

답사 : 2014. 5.

네덜란드 수도 암스테르담에서 멀리 떨어진 변방의 국립공원에 있는 미술관이다.

실업가인 크뢸러 뮐러1869-1939는 사재를 털어 수집한 미술품을 네덜란드 정부에 기증하게 된다. 이를 바탕으로 1938년에 미술관을 개장하게 되었다.

이후 1961년 유럽에서 가장 큰 조각공원을 조성하게 되고, 1977년 신관을 건립하여 오늘에 이른다.

건물은 외관부터 내부 구성까지 극도로 단순하게 처리하였으나 기능을 중시하여 설계되었다.

수준 높은 조각 작품들이 여유로운 잔디 광장과 숲을 배경으로 배치되어 자연환경과 융화되어 절묘한 조화를 이룬다.

내부 공간은 전시장, 회의실, 도서관과 수장고, 서비스 시설로 구성되어 있다. 이곳에는 암스테르담의 반 고흐 미술관 다음으로 고흐의 작품을 많이 소장하고 있다.

숲속의 잔디광장은 조각 거장들의 작품 전시장이다

미술관이 소장하고 있는 빈센트 반 고흐의 '카페테라스'

숲과 잔디광장은 미술관의 전시 무대이다

식물원과 조각 전시장이 혼돈되는 분위기의 미술관 뜰

실내에 전시된 미술관 못지 않게 인기를 누리는 곳이 야외 조각정원이다. 조용하고 쾌적한 거대한 숲 속을 산책하며 작품을 감상할 수 있는 것이 이 미술관의 장점이자 매력이다. 번잡한 도심에서 벗어나 국립공원의 울창한 숲 속에 자리한 미술관의 분위기가 파격적이다.

조각 전시장 관람로 주변의 만병초

미술관은 암스테르담에서 꽤 멀리 떨어져 있다. 기차로 이동하여 버스를 두 번 갈아타야 하고 다시 자전거나 도보로 이동해야 하는 번거롭고 불편하다. 우리의 상식은 많은 사람들이 이용하는 대중시설을 계획할 때 교통과 주차문제 그리고 접근성을 우선적으로 고려한다. 이곳의 미술관 위치는 우리의 상식으로 판단하면 결격이다.

자연과 예술은 쉽게 어우러진다

미술관 주변은 온통 양탄자 같은 잔디와 상쾌한 숲으로 가득하다. 평범한 숲이 아니라 웅대한 국립공원이 미술관의 배경이고 정원이며 조각품 전시장이기도 하다. 실로 상식을 초월한 파격적인 발상이 경이롭다.

고요하고 청정한 숲속을 거닐며 거장들의 조각 작품을 한 점씩 만나는 묘미는 지금까지 경험하지 못한 축복이요 감동이었다.

도시 소음이나 공해와는 거리가 먼 국립공원속의 상쾌함은 이 미술관의 또 다른 경쟁력이 될 것이다.

펩시코 조각정원 *USA, New York*
Pepsico Sculpture Garden

펩시 회사의 창조적이면서도 실험적인 이미지를 표현하기 위해 1965년 조성된 정원이다. 아름다운 호수를 중심으로 넓은 잔디밭과 울창하고 다양한 수목들로 가득하다. 정성스럽게 가꾸어진 멋진 정원에는 45점의 조각들이 자태를 뽐낸다.

이곳에는 평범한 작품이 없다. 헨리 무어, 로댕, 미로 등 하나 같이 유명 작품들이 아름다운 정원에 여유롭고 품격 있게 자리하고 있다.

정원에서는 년 중 다양한 문화행사가 이어진다.

2012년 대대적인 보수공사로 잠시 폐관되었다가 2017년 다시 문을 열었다. 하지만 모두에게 개방됐던 과거와는 달리 현재는 입장에 제한을 두고 있다.

정원 산책로를 따라 요소요소에 작품들이 배치되었다

많은 작품들이 정원과 건축과 조화를 이루며 배치되어 있다

조각 작품 못지 않게 정원도 다양한 모습으로 잘 조성되어 있다

잘 가꾸어진 넓은 정원과 조각작품은 멋진 조화를 이룬다

원형 연못과 사각의 건축물이 조각과 어우러진다

잘 가꾸어진 조각정원은 도시숲을 연상시킨다(메타세쿼이아 숲 길)

아늑한 분위기의 Sunken Garden

아다치 미술관 *Japan*
Adachi Museum

답사 : 2014. 4 · 2015. 5.

도시와 가깝지 않은 시마네현島根縣 야스기시安来市에 위치하며 1970년 개관하였다. 미술관 이름으로 간판을 달았지만, 빼어난 정원으로 명성이 더 높다.

설립자인 아다치 젠코足立全康, 1899-1990가 92세로 일생을 마감하기까지 일본 전역에서 소나무와 자연석을 비롯한 정원 소재를 꾸준하게 수집하여 조성한 것이다.

6개 영역으로 나누어진 정원 자체가 하나의 예술작품이다. 정원 바깥의 산과 자연을 정원으로 끌어와 배경으로 삼는 차경借景수법을 절묘하게 활용하였다.

정원은 복도를 오가며 창틀을 통해 감상할 수 있다. 사계절 변화하는 자연이 연출하는 살아있는 경관을 볼 수 있는 것이 이곳만의 특징이다. 실내 미술관에서는 일본 유명 화가들의 작품을 테마에 맞춰 전시하고 있다.

16.5ha약 5만평 부지에 조성된 정원은 그림에서 튀어나온 한 폭의 풍경화를 연상시킨다. 대지에 구현한 신의 공간처럼 다가온다. 일본 전통적 조원수법과 여러 주제가 전체적으로 조화를 이루며 그 규모나 질적으로 단연 독보적이다. 대부분의 일본 정원이 원로園路를 따라 거닐며 감상하는데, 이곳은 복도의 창이나 특정 장소에서만 볼 수 있는 특징이 있다.

이곳은 일본 국내 정원 평가에서 15년 연속하여 1위를 차지했다.

당대 조성된 일본 최고의 명원으로 평가 받는다.

기와를 이용한 산책로 경계 처리가 예술이다

정원 산책로의 포장

정원은 살아있는 예술작품이다

요코하마 다이칸의 그림 '백사청송'에서 영감을 받아 조성한 백사청송정(白沙菁松庭)

미술관의 중심에 위치한 정원은 일본 특유의 고산수枯山水 정원이다. 물과 식물을 가급적 사용하지 않고 산과 바다 섬 등 자연을 표방하고 있다. 시각적인 효과가 독특하고 빼어나다. 그 외 이끼정원苔庭과 연못정원池庭 그리고 백사청송정白沙青松庭이 독특한 자태와 분위기를 뽐낸다. 설립자의 열정과 땀이 스며있는 살아 숨쉬는 작품들은 대부분 복도의 창을 통하여 감상할 수 있다.

계류의 폭포 소리도 정원의 소중한 요소이다

연못 정원(池庭)

숲속의 계류를 재현하였다

담장과 경계석은 매력적인 정원요소이다

다실로 들어가는 간이 문

조용하고 한적했던 시골마을이 미술관이 들어선 이후, 많은 국내외 관광객들로 붐빈다. 문화의 힘을 체감할 수 있다. 이곳은 외국인에게 입장료 50% 할인 혜택을 준다. 지역민과 내국인을 우대하는 경우가 대부분인데 역시 선진국이다. 계절마다 분위기를 달리하며 그림 같이 매혹적인 절제된 풍경으로 방문객을 맞이한다.

정갈하게 다듬어지고 관리하는 모습

아다치 미술관 정원은 바깥의 경치를 빌려오는 차경借景 수법을 적극적으로 활용하여 실제 공간보다 훨씬 넓게 느껴지도록 하였다. 한편 이 정원은 자연과 예술을 새로운 방식으로 조화시키며 지속적으로 발전하며 진화하고 있다.

지역의 실업가인 아다치는 자신이 평생 축적한 부를 예술품 수집에 쏟았다. 그의 창의력과 경제력 그리고 예술에 대한 각별한 신념이 하나로 뭉쳐 정원이 탄생한 것이다. 아다치 미술관은 일본 현대정원의 으뜸으로 평가받으며 지역을 알리는 새로운 명소로 등극하게 되었다.

설립자 아다치 젠코 동상

루이지애나 미술관 *Denmark*
Louisiana Museum of Modern Art

답사 : 2017. 7.

덴마크 코펜하겐 인근의 루이지애나 현대미술관은 21세기형 미술관으로 주목 받는 곳이다. 제2차 세계대전 이후 덴마크 출신의 미술가들의 콜렉션이 바탕이 되었다.

이들이 현대미술사에 등장하는 주요 작품들을 다량 확보하면서 이 미술관이 현대미술의 보고로 변하게 된 것이다.

하나 하나의 소장품들도 각별하지만 공간 또한 하나의 예술작품으로 승화시켜 더욱 돋보인다.

무작정 다양하고 많이 소장하여 전시하는 수준의 고정관념을 초월하여, 아름다운 풍경으로 둘러싸인 건물을 자연 그대로 보전하면서 미술품을 효과적으로 연출할 수 있도록 세심하게 설계한 것이 특징이다.

건축이 주변 환경과 조화를 이루며 아름다운 풍경의 일부가 되어야 한다는 건축가의 철학이 담겨 있다.

자연 속의 미술관, 미술관 속의 자연처럼 연출한 것이 이 미술관의 가장 큰 매력이고 특징이다.

이 미술관은 세상에서 가장 고귀하고 아름다운 자연을 거부하는 미술관과는 분명 다르다. 인간이 생성한 작품들을 수용하는 미술관은 궁극적으로 인간을 위한 공간이어야 한다는 것이 핵심 철학이란다.

입구 광장

옥외공간은 숲이 있는 여유로운 정원이다

옥외공간은 매력적인 정원에 명품으로 가득한 휴식 장소이다

헨리무어의 대표작 좌상

자연 환경과 조각작품은 쉽게 조화를 이룬다

어린이를 위한 열린 교육현장

루이지애나 미술관은 어린이들을 위한 창의적이고 열린 교육현장으로 유명하다. 이 프로그램을 위한 별도의 건물이 마련되어 있고, 전문성을 갖춘 예술가들이 그림과 조각을 지도한다. 소요되는 재료는 덴마크 기업에서 무상으로 제공하고 있단다.

파격적인 모습의 행위 예술

세상에서 가장 아름다운 미술관으로 평가하는 것은 바닷가 언덕에 위치하여 주변 풍광이 매력적이 것도 이유가 되지만, 이곳은 인간을 위한 예술이 인간 위에 군림하지 않고 삶과 함께하는 문화를 실현하는 곳이기 때문이라고 어느 평론가는 설명하였다.

미술관은 경건한 곳이지만 맛있는 음식을 자유롭게 즐길 수 있는 카페가 있고, 휴식을 위한 잔디밭이 있으며, 마음의 쉼터가 될 수 있는 바다와 하늘과 숲이 미술관과 함께 있기 때문으로 풀이되기도 한다.

자연과 조각의 조화

칼 밀러스 조각정원 *Sweden, Stockholm*
Millers garden

답사 : 2017. 7.

스웨덴 출신의 세계적인 조각가 칼 밀레스Carl Milles, 1875-1955와 오스트리아 출신 화가인 그의 아내 올가 밀레스Olga Milles와 함께 살던 집이자 아틀리에가 있던 곳이다. 활동무대를 미국으로 옮겨가기 이전인 1910~1920년대에 이곳에서 살았다.

저택 내부와 넓고 아름다운 정원에 부부의 수많은 작품이 전시되어 있다.

그의 작품 대부분은 살아 움직이는 동작을 단계별로 묘사했는데 이 정원 역시 자연지형을 최대한 이용하여 3단계의 테라스로 구분해 작품과의 연관성을 추구하고 있다.

실용적이면서도 아름다운 스웨덴의 전형적인 실내 인테리어는 그의 부인인 올가 밀레스가 직접 연출했다. 탁 트인 발트해의 전망을 배경으로 삼으며 소박하고 편안한 분위기의 정원에는 온통 그의 작품들로 가득하다.

옥외공간에도 작품들이 꽤 많지만 어수선하거나 복잡하다는 느낌이 들지 않는다. 지형을 살리고 활용한 소박하고 자연스런 분위기의 정원 때문일 것이다.

경사진 부지에 조성된 정원은 조각작품 전시장으로 활용된다

자연지형을 최대한 살린 정원

정원은 소박하지만 짜임새 있고 생동감이 넘친다

칼 밀레스는 젊은 시절 스톡홀름에서 가구장인으로 활동하던 중 1897년 파리로 유학을 떠났는데 운이 좋게 거장 로댕을 만나 조각을 배우게 되었다. 그는 스승 로댕의 영향을 받아 고대 로마와 동양의 문화에 깊은 애정과 큰 관심을 갖게 되었단다. 그래서 이곳에는 고대 로마를 연상시키는 많은 작품들을 만날 수 있다.

그의 작품은 웅장하지 않고 소박하고 정감 어린 작품이 많다.

칼 밀레스 작품의 특징은 절묘한 밸런스와 역동성 그리고 밝고 경쾌한 포즈를 꼽는다.

좌대도 작품이다

그의 작품은 밝고 경쾌하다

자연지형을 살린 경사진 언덕이 조각정원이다

정원은 작품감상과 휴식을 겸한다

정원은 조각 감상실이다

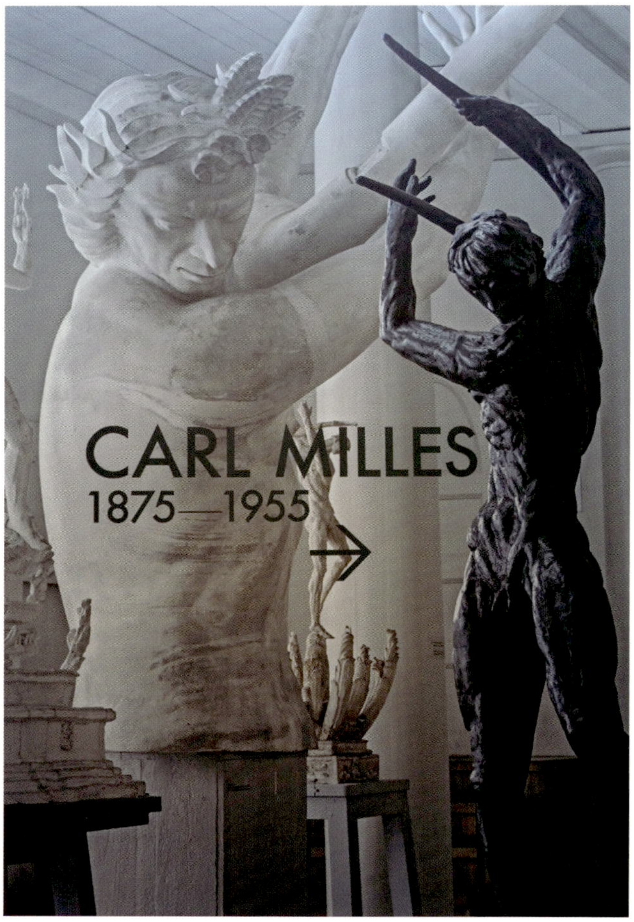

밀레스 가족

계단과 조각과 생태연못이 조화롭다

호주 국립박물관 *Australia, Canberra*
National Gallery of Australia

답사 : 2008. 12.

1997년 호주연방정부수립 200주년 기념사업의 일환으로 기획되어 2001년 완공되었다.

여러 색상으로 채색된 건축물과 옥외공간의 복잡하게 얽힌 선들과 공간이 예사롭지 않다. 설계 컨셉은 서로 엉키고 헝클어진 거대한 3차원의 매듭을 추구하고 있단다. 이는 직선적인 요소로 구성된 캔버라 신도시의 구조와 대비를 이룬다.

이러한 개념으로 디자인된 결과물은 완성된 이후 많은 사람들의 격렬한 논쟁의 대상이 되며 각별한 관심속에 사랑과 미움을 함께 받아왔다.

세월이 흐르며 이 공간은 극한의 다원주의를 구현한 대담한 작품으로 평가받고 있다.

엉킨 실과 매듭은 다민족으로 이루어진 호주의 복잡하고 미묘한 운명을 은유적으로 표현하였으며, 매듭은 서로 분열된 다민족 문화를 연결시켜 새로운 호주의 문화를 창출한다는 염원을 담고 있단다.

헝클어진 실타래를 연상시킨다

건축선과 색상, 바닥 포장이 독특하다

조형성이 강한 건축물과 옥외 조형물이 조화를 이룬다

시각적 관심을 끌기에 충분한 중정 성격의 옥외공간

박물관이라기 보다 미술관 이미지가 강하다

박물관은 호숫가에 자리한다

박물관은 2001년 준공된 이후 말도 많고 탈도 많았다. 건물의 디자인이 구설수에 올라 오랫동안 법적 분쟁에 휘말리기도 하였다.

시각적으로 특이한 느낌을 주지만 작가의 의도를 읽어내기는 쉽지 않다

디자인에 대한 전문가들과 일반시민들의 평가는 찬반으로 엇갈리며 논쟁은 더욱 가열되었다. 이러한 과정에 박물관은 더욱 많은 관심의 대상이 되었고 또 다른 유명세를 얻게 된 것이다.

Pitta-Pitta

Wakaya

비겔란 조각공원 *Norway, Oslo*
The Vigeland park

답사 : 2017. 7.

노르웨이 출신의 세계적인 자연주의 조각가 비겔란Gustav Vigeland, 1869-1943과 그의 제자들의 작품 200여 점이 전시되어 있다.

프로그네르 공원Frogner Pak으로도 불리는 이곳의 면적은 32ha에 달하며, 조각공원과 분수광장 그리고 잔디광장과 거대한 숲으로 구성되어 있다.

입구에서부터 공원 중앙까지 인간 생애의 희로애락을 조각으로 표현하고 있으며, 높이 17m의 화강암에 조각한 모노리텐Monolitten이라 불리는 작품은 인간의 본성을 잘 표현한 걸작으로 평가된다. 비겔란이 설계한 이 작품을 세 명의 석공이 13년에 걸쳐 제작했단다.

이 외에도 윤회에 대한 동양적인 사상을 담은 작품들도 살펴볼 수 있다.

조각품으로 이루어진 중앙 분수광장

진입로 입구 교량위의 전시장

넓은 공원은 조각품이 있어 단조롭지 않다

인간의 본성을 121명의 인체를 통해 표현한 모노리테(Monolithen)

조각공원을 품고 있는 여유로운 공원이 있어 더욱 매력적이다

섬세하고 정교한 조각가의 숨결이 느껴지는 작품들이다

분수를 에워싼 작품들은 하나같이 인물상으로 정교하게 조각되었다

주 진입로

하코네 조각의 숲 미술관 *Japan, Kanagawa Prefecture*
The Hakone Open-air Museum

답사 : 2014. 4.

가나가와현 하코네의 대자연을 품은 일본 최초의 야외미술관으로 1969년 개관했다. 산으로 둘러싸인 7ha의 숲 속의 푸른 잔디 위에 근대와 현대를 대표하는 예술가들의 조각작품 700여 점이 전시되어 있다.

자연속의 아트를 표방하며 새로운 가치를 창조하는데 목적을 두고 있다.

콜렉션들은 하나 같이 세계적으로도 유명하고 개성 넘치는 작품들이다.

한적한 자연의 품에서 여유롭게 산책하며 자유롭게 예술과 마주할 수 있어 더욱 인기가 높고 매력이 넘친다.

피카소관을 비롯하여 다섯 곳의 실내 외 전시공간으로 구성되어 있다.

온천수를 이용한 야외 족욕足浴도 즐길 수 있다.

입구광장

잘 가꾸어진 정원 산책로 주변에는 원시의 자연을 배경으로 작품들이 전시 되어 있다

자연과 어우러진 니키 드 생 팔르(Niki de Seint phalle)의 작품(Miss Black Power)이 눈길을 끈다

평온한 숲속에 긴장감이 감돈다

자연의 품에 안긴 작품은 더욱 돋보인다

일본작가의 '교차하는 공간구조'

헨리무어의 와상

04

꽃과 원예 및 정원 박람회

후쿠오카 녹화 페어 2005 *Japan, Fukuoka*
Fukuoka Greeting Fair 2005

답사 : 2005. 10.

지난 1983년부터 매년 일본 국내에서 개최되어 온 꽃과 정원의 축제이다.

전체 면적 400ha에 달하는 매립지 '아일랜드 시티' 부지에 53ha를 녹화 행사장으로 확보하였다.

이 도시와 자매결연을 맺은 부산광역시한국, 애틀란타미국, 보르도프랑스, 광저우중국, 오클랜드뉴질랜드 등 6개 국가의 전통 정원을 100여 평의 부지에 조성했다.

일본은 이 같은 행사를 지방을 순회하며 추진하는데, 행사가 끝난 이후에는 지역민을 위한 공원으로 영구히 남겨 활용토록 한다.

일본에서 시행하는 '전국도시녹화 페어'는 일반 시민들에게 도시녹화의 중요성을 일깨우는 행사이다. 도시녹화에 따른 선진기술을 보급하여 윤택하고 풍부한 녹색도시를 조성하기 위한 목적으로 1983년부터 건설성현재는 국토교통성에서 추진해 왔다. 매년 전국도시를 순회하며 개최되는 꽃과 녹음의 축제이다. 행사가 끝나면 그 장소는 공원이나 문화공간으로 활용된다.

새로운 정원소재와 다양한 정원기법이 소개된다

정교하게 연출된 정원

맑은 물이 흐르는 실개천

대나무를 활용한 골목길 담장과 기와를 이용한 포장기법

경계 울타리와 조형 소나무

특이한 모습의 담장 기법

두인 차욱진 소장이 설계한 한국 정원

작은 공간의 연출기법

특이한 모습의 울타리

정원으로 통하는 문과 경계 울타리

우물과 간이 쉼터

실개천

놀이 공원

전통 다실 입구

조경 식물의 용기식재(현지 판매)

전국을 순회하며 개최되는 녹화박람회를 통하여 도시녹화의 중요성을 일깨우고, 새로운 소재나 녹화신기술을 널리 보급하는 한편, 지역의 열악한 도시환경을 개선하는 효과가 크게 기대되는 이벤트이다. 이러한 꽃과 녹화축제를 통하여 지역의 활기를 부여하고 영구히 남을 여가문화공간을 확충시켜 삶의 질을 높여가는 국민복지와 직결된 결과를 낳게 된다. 그래서 중앙정부에서 적극적이고 지속적으로 후원하며 행사를 이어가고 있다.

서안 세계원예 박람회 *China, Xian*
2011 Xian Word Gardening Fair

답사 : 2011. 5.

2008 개최된 '북경올림픽'과 2010년의 '상해Expo'에 이어 기획된 대규모 국제 행사로 178일2011. 4. 28~10. 22 동안 열렸다. 중앙정부 차원의 전폭적인 의지와 지원으로 준비된 박람회는 총 부지면적 418ha약126만평에 연인원 2,000만 명 이상이 참관하는 대 성황을 이루었다. 기존의 식물원이나 기반조성이 된 장소를 활용하지 않고 신규로 부지를 조성하며 20억 위안한화 약 3,300억 원이 투입되었다.

세계 34개국이 참여한 박람회장에는 99미터 높이의 장안탑長安塔을 비롯한 4개의 상징 건축물과 장안화곡長安花谷으로 명명된 대규모 꽃동산과 Water front 등 5개의 주제단지를 중심으로 190개소에 달하는 테마 전시 공간을 갖춘 실로 방대한 규모의 국제 행사로 평가 받는다.

'도시와 자연의 조화로운 공생'을 주제로 삼았으며, 역사도시 서안의 문화와 지역을 알리는 계기가 되었다.

꽃으로 연출한 조형물

대나무를 이용한 운치있는 산책로

눈길을 끄는 서유기 조형물

쉼터 겸 포토존(대나무)

국제정원과 더불어 중국의 지역 및 소수민족의 특색을 살린 특색 있는 전시관들이 눈길을 끈다. 정원과 원예자재, 새로운 녹화 공법과 신기술을 소개하고 전시하였다. 한편 정원과 엔터테인먼트를 유기적으로 연계한 오락시설과 문화 예술공연, 학술 교류 등 다양한 행사로 구성하였다.

박람회장은 대나무와 죽재를 활용한 시설과 공간이 의외로 많다. 그 지역에서 쉽게 구할 수 있는 소재를 활용하는 것은 매우 바람직하다. 대나무를 다량으로 이식하였으나 활착 상태가 좋지 않다. 완벽하게 대숲을 연출한 1990년 오사카꽃박람회장과는 대조적이다. 스케일은 대범하지만 마감상태가 허술하고 완성도가 다소 떨어진다.

대나무 길

그늘이 부족하다

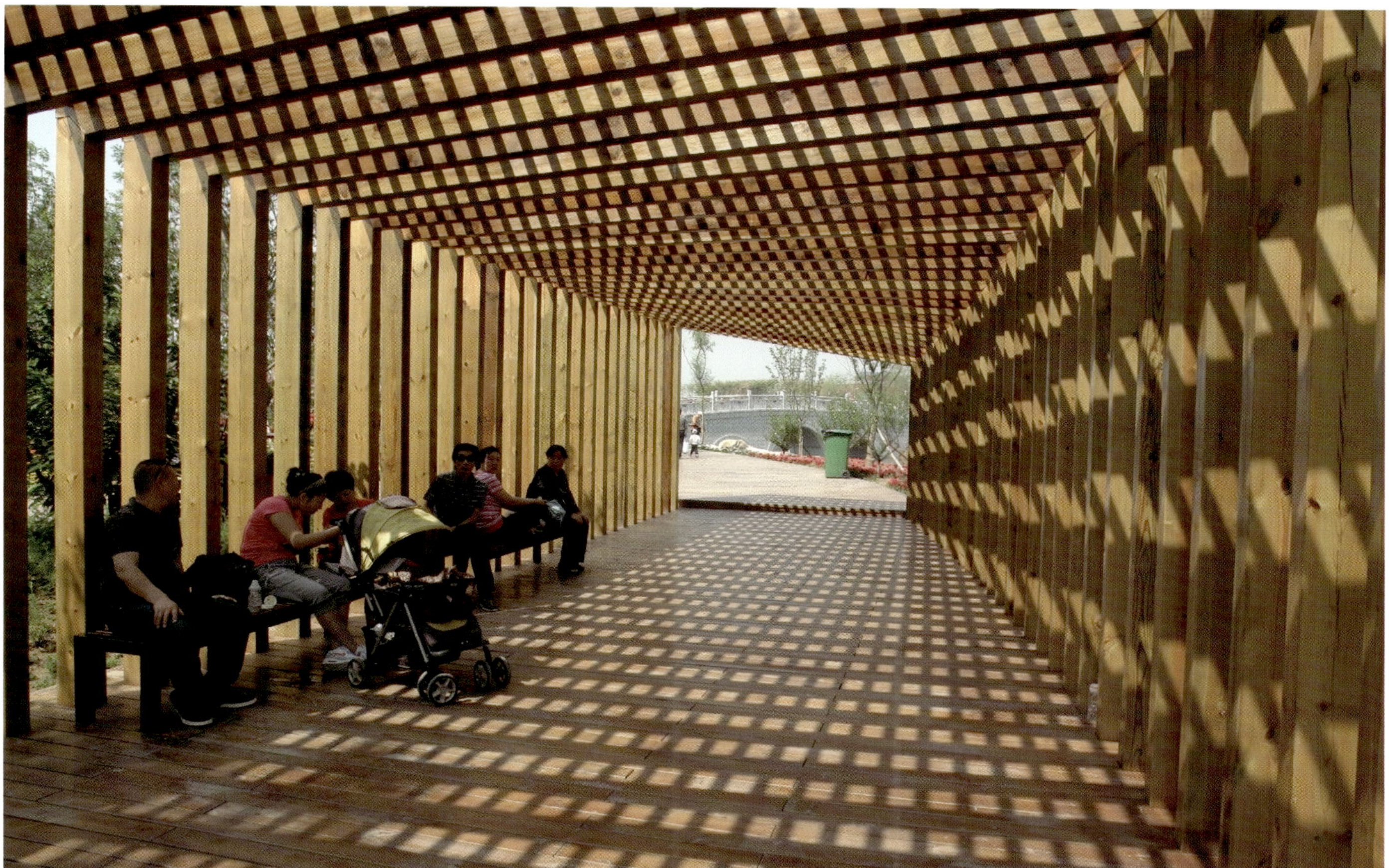

목재로 된 그늘 쉼터

상징 조형물(대기가 탁해시야가 흐릿하다)

대륙적 기질이 엿 보이는 시설 규모

박람회가 끝난 이후에는 대부분의 시설들을 지역민을 위한 공원과 문화공간으로 재정비하여 지역을 대표하고 상징하는 관광자원이자 시민공원으로 영구히 보존하여 활용된다.

중국은 서구 유럽과 일본 등 선진국에서 오래 전부터 시행해 온 도시녹화나 원예, 정원을 테마로 개최되는 원림박람회를 지속적으로 유치하고 있다. 지구촌 곳곳에서 개최되는 유사 성격의 박람회를 적극적으로 모방하거나 응용하기도 한다.

행사장 규모가 대단히 방대하다(대기가 쾌청하지 못하다)

빈번한 원예박람회의 기획은 중국이 최근 경제적으로 여유가 생기면서 자국민들의 여가공간에 대한 수요가 폭발적으로 증가함에 따른 것으로 풀이된다. 이러한 사회적 추세에 힘입어 원예나 원림박람회는 중국내에서 큰 인기를 누리고 있다. 규모에 비하여 전반적 수준이나 창의적 요소가 다소 부족하다는 지적과 함께 외국인들의 참관 비중이 10% 미만이지만, 자국민들의 호응이 대단하여 지방도시로 계속 확산되는 추세이다.

엄청난 예산이 소요되는 박람회를 지방 정부의 힘으로 감당하기는 쉽지 않을 것이다. 중국의 도시는 대부분 인구 밀도가 높고 공원이나 녹지 등 녹색기반이 열악하다. 지방도시의 환경 개선을 위한 중앙정부의 행정 및 재정적 지원이 따르기 때문에 가능할 것이다.

행사장 규모가 매우 넓다. 미세먼지로 뿌연 하늘이 아쉽다

심양 세계원예박람회 *2006. 5.*

중국은 세계원예박람회를 연속하여 개최하고 있다. 99년 곤명, 2006년 심양, 2011년 서안, 2014년 청토, 2016년 당산화북성 2019년북경 세계원예 박람회를 개최하였다.

'인간과 자연의 어울림'이란 주제로 5.1-10.31까지 6개월간 개최되었다. 박람회장은 기존의 수목원과 인접한 부지를 더한 약 100만평에서 펼쳐졌다. 중국의 지역 및 소수민족 53개 정원과 전시관을 비롯하여 23개의 외국 도시에서 출품한 정원이 선을 보였다. 세계 최대 규모로 평가되며 대륙적 기질과 스케일을 한껏 뽐내는 계기가 되었다.

북경 원예박람회 *2013. 8.*

2010 상하이 EXPO *2010. 5.*

상해 EXPO는 '아름다운 도시, 행복한 생활'이란 주제로 5. 1-10. 31일까지 6개월간 개최되었다. 특색 있고 개성이 넘치는 전시관 설계와 매일 100회가 넘는 세계 각국의 다양한 문화공연을 펼치며 아름다운 미래에 대한 동경을 꿈꾸었다.

개발도상국에서는 처음으로 열린 행사로, 선진 도시들의 개발 이념과 기법을 소개하여 인류의 보편적 생활환경이 보다 윤택하고 아름답게 변화될 것을 염원하였다.

치앙마이 국제원예 전시회 2011 *Thailand, Chiang Mai*
Chiang mai World Gardening Fair

답사 : 2011. 12.

태국 국왕의 탄생일을 비롯한 왕비와 왕자의 생일이 태국의 세 가지 큰 경사라고 한다.

원예박람회는 이를 기념하기 위하여 최대 규모의 행사로 기획되었단다.

자원을 효율적으로 이용하고 환경을 보호할 수 있는 방법을 홍보하는 한편, 방문객에게 즐거움을 주고자 기획되고 준비한 이벤트이다.

우리나라 정원을 비롯한 여러 국제관과 자국의 다양한 문화와 자연환경을 담은 기업관과 주제공간들이 소개되고 있다.

단체로 관람하는 학생들과 승려들의 행렬이 인상적이다. 산업화로 치닫는 현대 도시환경의 불안정한 실태를 직시하며, 미래 세대를 위한 대안을 모색하는 메시지가 참신하고 돋보인다.

축제 분위기를 알리는 행사장 입구광장

기존 정원이 잘 가꾸어진 상태이다(진입로)

기존 시설을 활용하여 정원이 풍성하고 안정된 상태이다

중앙 연못 주변의 열대 정원

아직 개발되지 않았거나 불모지를 이용하여 기획된 박람회가 아니고, 기존의 부지를 활용하였다. 그래서 기반시설이 양호하고 아주 풍성한 내용들을 유감없이 펼쳐 보인다. 태국은 관광 인프라가 잘 되어 있는 나라다.

박람회장 역시 어느 선진국 못지 않은 다양한 볼 거리와 환경 메시지를 담고 있다. 통상적으로 개최되는 급조된 이벤트와는 달리 지역 문화나 정원의 품격도 수준급으로 평가 받는다.

로얄 파빌리온 'Kham Luang'

비탈면에 도안 식재를 하여 눈길을 끈다

05
정원 도시

교토京都 *Japan, Kyoto*

일본의 정원은 중국과 한반도의 문화와 사상에 큰 영향을 받았지만 독자적으로 발전시켜 오늘날에 이른다. 자연을 모방하여 정원을 만드는 것을 중요하게 여겼다. 이후 794년 수도가 나라에서 교토로 옮기면서 일본 특유의 정원양식을 갖추게 된 것이다.

지구촌에는 국가와 민족, 종교와 시대를 표방하는 여러 형식의 정원들이 전해오고 있다. 이들 다양한 지구촌 정원 양식들을 대상으로 설문조사를 실시한 결과, 일본 전통정원 양식이 가장 선호도가 높은 것으로 나타났다. 일본의 전통정원은 여러 지역에 분포하고 있지만, 교토에 가장 많이 모여있다. 그래서 교토는 정원의 도시로 불린다.

교토에는 현재 2,000개가 넘는 사찰과 신사, 황궁에 딸린 정원이 원형을 유지하며 잘 보존된 각별한 곳이다. 한편 일본 국보의 약 20%, 중요 문화재의 약 14%가 교토에 있기도 하다.

니조성二条城 *2015. 5.*

도쿠가와 이에야스德川家康의 임시 거처로 1603년 건립되었다. 동서 500m남북 400m 규모의 성은 13m 폭의 해자로 둘러져 있다. 여러 정원이 있는데 특별명승으로 지정된 지천회유식 '니노마루 정원'이 대표적이다.

신선사상과 전통정원 수법으로 조성된 연못 주변의 자연석은 서로 질감이 다른 것을 배치하여 변화감을 추구하였다. 권위적이고 장엄한 분위기로 꾸몄다. 다인茶人이자 그 시대 최고의 조원기술자 코보리엔슈1579-1647에 의해 개수되어 오늘에 이른다고 한다. 1994년 유네스코 세계문화유산에 등재되었다.

자연석이 매력적이 니노마루 정원

전통 다실

료안지龍安寺

방장 앞의 고산수(姑山水)정원

녹지 보호책

매력적인 담장

귀족의 별장을 개조하여 1450년 창건한 선종사찰이다. 선禪의 경지를 추구하는 고산수枯山水 정원카레산스이으로 명성이 높다. 방장마루 앞의 석정石庭은 가로 25m, 세로 10m 넓이의 사각형으로 15C에 조성되었으며 모양과 크기가 다른 15개의 자연석으로 구성되었다.

수도승의 참선을 위한 정원은 복잡하고 화려함을 배제하고 극도의 단순함과 여백을 통하여 우주의 삼라만상을 표방하였다.

숲속의 정원 산책로

헤이안진구平安神宮 *2014. 3 · 2015. 5.*

작은 인공섬은 잘 다듬어진 소나무로 눈길을 끈다

교량을 겸한 장랑(長廊)은 정원의 멋진 경관 요소가 된다

교토 천도 1100주년을 기념하여 1895년 건립되었다. 수도가 도쿄로 옮겨가면서 일본 역사와 문화의 중심이었던 이곳에 상징적이고 의미 있는 공간을 만들게 된 것이다.

과거 수도의 화려함과 헤이안平安시대 천황가의 위엄을 표출하고자 노력하였다.

신궁을 에워싸고 있는 11ha 규모의 신원神苑이 매력적이다. 이는 메이지明治시대를 상징하는 지천회유식池泉回遊式 정원으로 1896년 조성된 이래 현재는 국가명승지로 지정되어 있다. 교량이자 조망정자로 활용되는 목구조물과 주변 경관은 가장 완벽한 조경공간으로 손색이 없어 보인다.

은각사銀閣寺 *2011. 7 · 2015. 5 · 2016. 11.*

입구의 동백나무 생울타리

정원 산책로

계단 산책로

연못 정원

금각사를 모델로 하여 화려한 건축을 계획하였으나 외관을 치장할 많은 양의 은銀을 구하기 힘들어 옻칠로 대체하였다. 이 사찰의 상징은 은각이고 특징은 흰 모래를 이용한 고산수枯山水 정원이며 가장 큰 매력은 정원을 이루는 물결 모양의 모래 결에 비치는 은은한 달빛이란다.

모래정원과 향원대(모래탑)

쇼세이엔 정원涉成園 2015. 5.

원래 천황가의 저택이었으나 사찰에 기부되었다. 연못을 중심으로 소담스럽게 가꾸어진 정원은 승려들을 위한 쉼터나 별장으로 활용되며 일반에 유료 개방된다. 운치 있는 아치교와 다실이 있어 정원이 더욱 조화롭다.

연못가의 다실

운치있는 목교

그 외 정원

히에이 정원 미술관

가든 뮤지움 2015. 5.

아라시야마 이끼정원과 석등 2015. 5.

오코치 산장大河內 山莊

오코치 산장大河內 山莊은 교토 교외 아라시야마의 산기슭에 위치한다. 이 정원은 유명한 시대극 배우 '오코치 덴지로'1898-1962가 30년에 걸쳐 조성하였다. 깊은 불심과 열정으로 2ha 부지에 다실과 불전을 배치하고 자연스런 오솔길을 만들어 숲속의 정원으로 가꾸었다. 그는 이곳에서 촬영현장의 긴장과 스트레스를 풀고 불경을 읽고 차를 즐기며 휴식과 충전을 하였다. '영원히 사라지지 않는 아름다움을 유지하기 위한 수단'이 무엇일까? 고민하다 정원을 선택하게 되었단다.

오코치 산장의 산책로 2016. 11.

담장

담울타리, 휀스은 대지의 경계나 외부에서의 침입을 방지하는 것이 본래의 기능이다. 하지만 정원을 구성하는 중요한 경관요소로 많이 활용된다. 그래서 정원 디자인에서는 이들 기능을 복합적으로 만족시킬 수 있는 방안들을 고민하게 된다. 형태와 높이 재료와 색상을 통하여 울타리 본연의 기능은 물론, 점경물이나 시각자원으로 다양하게 승화시킬 수 있는 것이다.

고대사(高台寺)의 전통 다실 2014. 3.

퇴장원(退藏院) 2015. 5.

퇴장원(退藏院) 2015. 5.

만슈인曼殊院의 고산수 정원

모래정원 2016. 11.

특출한 모양의 소나무(만슈인)

서방사의 이끼정원 2007. 2.

안내판 2015. 5.

원광사(圓光寺) 2015. 5.

원광사(圓光寺) 2015. 5.

쑤저우蘇州 *China, Suzhou*

중국 쑤우저는 운하와 정원의 도시로 불린다. 구도시 전체가 운하로 연결되어 있고 곳곳에 아름다운 정원이 자리하고 있다. 한때 400여 개에 달하는 크고 작은 정원이 있었으나 현재는 40여 곳 정원만 남아있다.

'하늘에 천당天堂이 있다면, 땅에는 쑤우저蘇州가 있다'는 말이 있을 만큼 중국인이라면 누구나 한번쯤 가보고 싶어하는 매력적인 도시다. 구시가지 곳곳을 연결하는 운하와 여유롭게 떠가는 예스런 작은 배, 곡선미가 돋보이는 고풍스런 아치형 돌다리가 운치를 더해준다. 이 도시는 한 때 '전통과 현대의 조화'라는 쉽지 않은 문제를 해결하기 위한 많은 고민과 노력이 있었다.

쑤우저는 중부 내륙에 비해 기후가 온화하여 많은 중국인들로부터 가장 살고 싶어하는 지상낙원의 도시로 통한다. 그래서 겨울 별장지로 인기를 누리며 정원을 구비한 부호들의 저택들이 이곳에 모여있다.

쑤우저의 정원들은 대부분 명나라 시대에 조성되었다. 대부분의 정원은 연못을 중심으로 정자가 배치되며 회랑回廊을 따라 거닐며 뜰을 감상하게 된다. 태호석太湖石을 조합한 경관 연출과 분재원을 갖추고 있는데 대체적으로 소박한 아름다움을 특징으로 꼽는다. 그 중에서 졸정원拙政園과 유원留園, 창랑정滄浪亭, 사자림獅子林은 소주의 4대 정원으로 평가된다.

졸정원拙政園 *2006. 12 · 2009. 5.*

졸정원拙政園은 북경의 이화원과 승덕의 피서산장, 쑤우저의 유원과 더불어 중국 4대 명원으로 꼽힌다. 쑤우저 최대 최고의 고전 원림園林으로 평가 받으며 '중국정원의 어머니'로 불린다. 주요 건축물이 연못가에 위치하여 더욱 자연스럽고 우아한 분위기를 자아낸다. 정원의 부지는 5ha 규모이며 그 중 1/3이 연못과 호수가 차지한다. 1997년 유네스코 세계문화유산에 등재되었다.

연못을 가운데 두고 누각과 정자가 배치된다

장랑으로 연결되는 정원 산책로

사자림獅子林 *2008. 5.*

태호석의 조합

사자림獅子林은 원나라 시대1342년 조성 정원을 대표하며 쑤우저의 4대 명원에 속한다. 태호석太湖石으로 쌓은 석가산石假山이 특출하며 기묘한 자연석들이 사자의 형상을 닮았다 하여 붙여진 이름이다. 남동쪽에 위치한 석가산은 1ha에 이르며, 변화무상하고 기이한 형상에 섬세함과 웅장함이 더해져 아름다움의 극치를 이룬다. 가산假山에 의한 동굴은 형태가 복잡하고 깊어 미로를 방불케 한다. 이 정원은 개인 소유로 1954년부터 일반에 공개되었으며 2000년 유네스코 문화유산으로 지정되었다.

태호석과 담장

태호석

하늘로 치솟은 중국 특유의 정자 건축선

복도를 따라 이동하며 정원을 감상한다

사자를 닮은 태호석

태호석이 주를 이루는 정원

유원留園 *2012. 11.*

정자와 연못

유원留園은 명나라1525년 시대를 대표하는 정원이다. 중국 4대 원림으로 꼽힌다. 3ha 규모의 정원은 건축물과 산수화원山水花園, 가산假山과 전원지역 등4공간으로 구성되어 있다. 정원 내 건축물의 배치가 정교하고 기암괴석이 많은 것으로 유명하다. 특히 정자와 괴석怪石 그리고 수목의 조화가 돋보이며, 각종 건축물도 높이 평가 받고 있단다. 건축물과 서로 연결하며 정원을 감상할 수 있는 원로 기능의 회랑回廊이 무려 700m에 이른다. 회랑벽면의 각기 다른 형상의 창틀花窓이 매력적인데 이 화창을 통해 본 정원이 매우 특이하고 아름답다. 1997년 세계문화유산으로 등재.

다양한 모양과 기능의 정자

여유와 운치가 흐른다

정원으로 통하는 원형의 담장문

정원 산책로의 포장 문양

수서호瘦西湖 *2006. 12.*

이원怡園 *2012. 11.*

망사원網師園 *2012. 11.*

창랑정滄浪亭 2012. 11.

개원个园 2008. 5.

발리 *Indonesia, Bali*

발리를 지칭하는 수식어는 여러 가지다. '신들의 섬', '지상의 파라다이스', '지구촌 최고의 사계절 휴양지' 등으로 표현되지만, 여기에 '머물고 싶은 정원의 도시' 하나를 추가하고 싶다.

사계절 맑은 햇살이 매력인 발리는 지구촌 휴양지로 날로 발전하며 사랑 받는다.

때묻지 않은 자연과 주민들의 친절함과 소박함이 있어 더욱 인기를 더해간다. 맑고 깨끗한 환경이 최고 수준의 시설과 서비스와 결합되며 새로운 경쟁력이 된 것이다.

교토의 그 많은 사찰과 신사에 하나같이 매력적인 정원이 있다면, 발리에는 수 없이 많은 리조트와 호텔은 물론, 소규모 업소에서도 소박하지만 정성이 담긴 정원을 만날 수 있다. 오직 허가를 득하기 위한 최소한의 겉치레 조경이 아니라,

생활의 터전을 보다 안락하고 쾌적하게 만들기 위하여 자발적으로 정성을 다해 가꾼 정원이라 더욱 정감이 가고 편안함을 더해준다.

Nusa Dua 및 동해안 지역

국제 수준의 큰 호텔과 리조트가 모여 있는 시내에서 가까운 해안 휴양지이다. 외국 관광객을 위하여 1980년대 후반에 조성된 관광 특구이며 세계적으로 명성이 높은 리조트가 즐비하다. 시설도 수준급이며 치안도 좋아 주로 외국인들이 즐겨 찾는다. 조성 배경은 제주 중문지역과 비슷하다.

여유롭고 멋스런 휴양지의 정자 쉼터 2013. 7.

녹색으로 피복된 리조트 입구 상징물(선과 악을 상징한다)

멋진 정원으로 특화시킨 특급리조트

Ubud과 중부 내륙지역

남부 해안 지역과는 달리, 때묻지 않은 계곡과 울창하고 싱그러운 자연이 매력적인 곳이다. 깊은 계곡과 울창한 열대림을 끼고 최고 수준의 휴양시설들이 숨겨져 있다. 특히 우붓은 발리 문화와 예술의 중심지로 미술관과 공연장, 예쁜 카페와 개성 있는 가게들이 모여있어 더욱 인기를 누린다.

야자수 숲과 마주한 창이 없는 카페

거닐고 싶은 싱그러운 열대의 뜰

정원 산책로의 생울타리(종려죽과 대나무)

부드러운 생태포장(판석+잔디포장)

생울타리(종려죽과 대나무)

미술관과 정원이 합쳐진 분위기의 리조트 내 산책로

대사둘 물의 궁전

리조트 산책로

리조트 산책로(골목길)

리조트 내의 신전

미술관 옥상

자연과 정원으로 특화된 리조트 시설

발리섬은 힌두교가 대부분이다

생기가 넘치는 열대의 정원

발리의 리조트들은 하나 같이 생기가 넘치고 매력적인 정원을 가꾸고 있다. 이들 대부분은 진입부가 좁고 간판이 눈에 잘 뜨이지 않으며 허술하다. 그러나 내부로 들어가면 전혀 다른 분위기가 펼쳐진다. 정성으로 가꾼 여유롭고 싱그러운 정원으로 가득하다. 건기와 우기가 구분될 뿐 항상 여름으로 이어지는 열대의 기후와 이곳 사람들의 예술적 감각이 개성 있고 멋진 정원을 만들고 가꾸게 되는 것이다. 화사한 꽃과 풍성하고 청초한 식물은 이곳 정원의 필수적 요건이자 기본이다.

발리 섬 내륙 깊숙이 위치한 우붓의 밤은 더 없이 고요하고 쉼 없이 생기가 넘친다. 도시에서는 상상할 수 없는 개구리와 풀벌레가 협연하는 오케스트라에 취하여 잠이 들고, 이른 새벽부터 논두렁을 번잡스럽게 오가는 오리와 새소리가 아침을 열어준다.

도시 소음이 가신 우붓의 밤은 그래서 좋다. 아련한 동심의 세상으로 나래를 펼쳐보는 재미도 의외로 쏠쏠하고 상큼하다. 그래서 나는 이곳의 부름에는 언제나 쉽게 응하게 된다.

Kuta, Jimbaran(서해)과 시내(Denpasar)

공항 가까운 시가지 Denpasar를 중심으로 서해안 지역은 Beach가 잘 정비되어 있으며 해양스포츠를 즐기는 명소다. 긴 해안을 따라 세련된 거리와 먹거리, 명품 가게들이 발달한 지역이다. 인도양을 마주한 이곳 해안을 따라 매력적인 숙박시설들이 꽤 많이 자리하고 있다.

야외 민속박물관으로 가꾸어 놓은 Big Garden(유료)

조형미가 넘치는 담장

수영장과 정원은 발리 리조트의 필수 시설이다

담장도 중요한 정원 요소이다

06

그 밖의 정원

부차드 가든 *Canada, Vancouver*
Butchart Garden

답사 : 2003. 7 · 2014. 6.

이곳은 정원의 도시라 불리는 아름다운 섬 빅토리아를 대표하는 관광명소이다.

부차드Robert pim Butchart 1856-1943는 도시 개발이 활발하게 진행되던 시기에 지금의 식물원 터전에서 채석장을 운영하였다.

도로건설을 비롯한 도시 기반시설이 어느 정도 확충되며, 건설자재의 수요가 급격하게 줄어들고 채석장의 운영도 어렵게 되었다. 상처 투성이로 방치된 채석장 모습을 안타깝게 여긴 나머지, 부인과 함께 채석장을 일구기 시작하였다.

정원은 선큰 가든Sunken gaden을 비롯하여 장미 정원과 이탈리아 정원, 일본 정원, 달팽이 연못과 Star pond 등 여러 형태의 테마 정원으로 구성되어 있다.

각양각색의 화사한 꽃과 곳곳에서 수집한 수목들이 어우러져 세계에서 으뜸가는 정원으로 변신하게 되었다. 이곳은 연중무휴로 개방되며 5월 중순부터 9월 사이에는 화려한 야간 조명과 불꽃놀이를 비롯해 다채로운 문화 행사가 쉼 없이 펼쳐진다. 한편 겨울밤의 일루미네이션illumination은 형언할 수 없는 아름다움과 환상적인 연출로 인기다.

입구광장

입구광장(Pergola 쉼터)

장미원

썬큰가든 (침상정원)

숲속의 정원

장미원

부차드 가든이 소재한 빅토리아는 벤쿠버가 속해 있는 브리티시 콜롬비아주의 주도이다.

여왕의 이름을 붙인 도시답게 영국풍의 분위기가 물씬 풍긴다.

현재는 설립자의 후손들에 의해 운영되는 공익법인으로 수익금은 사회에 환원함을 원칙으로 한다.

온갖 꽃과 나무를 심고 정원으로 가꾸기 시작한 것이 세월이 지나 지금은 빅토리아를 상징하는 관광지이자 세계적으로 아름다운 명품 정원으로 탈바꿈하게 된 것이다.

이벤트 광장

코를 만지면 복을 받는다는 멧돼지 조각상

꽃향기로 가득한 숲속의 정원

입구광장의 그늘시렁(Pergola)

부차드 가든은 어느 계절에도 매력적인 모습을 만날 수 있다. 4계절과 크리스마스를 포함한 다섯 시즌으로 구분하여 계절마다 특색 있는 경관과 이벤트를 제공한다. 봄에는 수선화와 튤립을 비롯한 구근식물과 화목류의 향연이 펼쳐지며 여름에는 일년초와 밤의 일루미네이션이 일품이다. 가을은 온통 황갈색 단풍으로 가득하다. 가든 내에는 계절별로 전시될 화초들을 공급하는 20여 동의 온실을 운영하고 있다.

겨울의 역사관에서는 1900년대 초반 부차드 가족의 생활상을 엿볼 수 있는 전시가 열리며, 이곳에서는 '봄의 전주곡'으로 불리는 실내정원 산책이 인기다. 부차드 가든은 쉼 없이 새로움을 창조하며 변신하고 있다.

석회암 개발로 인하여 발생한 상처와 절토사면 웅덩이, 그리고 정돈되지 않은 돌 무더기를 정리한 후 양질의 흙으로 복토하여 식물이 자랄 수 있도록 기반을 조성 하였다. 대를 이어 정성껏 보살핀 결과 이곳은 지구촌에서 가장 아름답고 매력적인 꽃과 나무로 가득한 명품 정원으로 거듭나게 된 것이다.

미라클 가든 *UAE, Dubai*

Dubai Miracle Garden

답사 : 2014. 1 · 2018. 2.

세계 최대 규모72,000㎡의 꽃을 주제로 한 정원으로 지난 2013년 두바이 외곽에 위치한 사막지대에서 개관하였다. 풀 한 포기 나무 한 그루 자생하기 힘든 척박하고 황량한 환경에서 다채롭고 화사한 꽃 대궐을 만날 수 있다.

특수한 환경 여건을 충분히 고려한 치밀한 계획과 정교하고 철저한 현장관리를 통하여, 마치 예술 작품처럼 연출하여 새로운 감흥을 받을 수 있도록 가꾸어 놓았다.

기온이 높고 건조한 사막지역의 특성을 고려한 점적 관수호스를 통하여 뿌리부분에 소량씩 물방울로 공급하는 절약형 관수방식를 통하여 식물을 유지한다. 낮의 온도가 40도 이상 올라가는 6월에서 9월까지는 휴관하지만, 나비정원버터 플라이 가든이 있어 관람객을 연중 끌어들인다.

두바이를 상징하는 아랍에미리트 항공의 A380 모형

화원에 숨겨진 매혹적인 휴게공간

꽃과 녹색환경은 사막도시의 꿈

이곳에 들어서면 온전한 환경에서도 쉽게 흉내 낼 수 없는 꽃들의 다양함과 풍성함에 우선 압도 당한다. 규모는 물론 파격적인 배치와 연출기법이 예사롭지 않다. 무덥고 건조한 중동의 사막 지역에서 이토록 싱그럽고 화사한 꽃을 만날 수 있다는 것이 쉽게 믿어지지 않는다.

미라클은 직역하면 기적이다. 이곳은 곧 '기적의 정원'인 셈이다. 사막 한 가운데 조성된 두바이 전체가 기적이나 다름없는 도시다. 이름도 참 적합하다는 생각이 든다. 두바이는 지구촌 최고의 빌딩과 최대 규모의 쇼핑몰이 있어도 채워주지 못하는 허전함을 품고 있었다. 미라클 가든은 회색 빛 사막도시 사람들의 자연에 대한 염원과 갈증을 풀어주는 오아시스와 같은 존재다.

꽃의 낙원

꽃시계

신혼 부부를 위한 이벤트 공간 같은 휴게시설

꽃으로 치장한 분수와 연못

꽃과 그늘이 있는 순환로

미라클 가든은 꽃의 정원으로서 세계적인 규모와 내용으로 손색이 없다. 두바이는 상식으로 이해되지 않는 불가사의한 공간들이 많다. 점프대를 갖춘 실내스키장을 비롯하여 바다 위의 7성급 버즈 알 아랍호텔, 인공 섬을 만들어 세계지도를 묘사한 그린 팜 아일랜드, 829m 높이의 초고층 버즈 칼리파Burj Khalifa 등 무엇이든 특출하여 세계에서 유일하거나 최고가 아니면 만족하지 못하는 곳이다. 사막의 신기루 같은 미라클 가든 역시 빼 놓을 수 없는 지구촌의 명소임에 틀림이 없다.

농 눅 빌리지 *Thailand, Pattaya*
Nong Nooch Tropical Botanical Garden

답사 : 2011. 12 · 2018. 2.

태국이 자랑하는 해양관광 휴양지 파타야 남쪽 15km 떨어진 곳에 위치한다.

이곳은 관광농원을 겸한 테마식물원으로 그 규모가 대단하다. 1954년 농 눅 할머니가 과수원 한 켠에 예쁜 꽃과 나무를 심기 시작하면서 점점 규모가 확장되어 오늘날에 이르렀다.

이곳에서는 다양한 열대 수목과 쉽게 볼 수 없는 희귀 식물들을 수집하여 다양한 모습의 정원을 조성하였다. 실내에서는 태국의 전통무술 무에타이와 코끼리 쇼 등 태국 전통 문화를 소개하며 체험할 수 있다.

방문객들은 시원하게 조성해 놓은 열대림 속으로 이어지는 공중 산책로를 따라 이동하며 다양한 모습의 크고 작은 명품 정원들을 관람할 수 있도록 설계되었다. 그러나 한국 관광 상품에는 실내에서 볼 수 있는 코끼리 쇼 정도만 관람하고 정원산책 코스는 생략되는 경우가 대부분이라 안타깝고 아쉽다.

빌리지 주변에 아직 개발되지 않은 여유 부지가 많아 지금도 꾸준하게 새로운 테마의 정원들이 조성되어 다듬어지고 있다. 최근 완공 단계에 있는 공룡 정원은 색 다른 분위기로 어린이들로부터 큰 관심을 끌고 있다.

무늬식물을 이용한 연출

분수와 조각이 있는 유럽풍의 정원

가장 오래된 중앙정원

영국의 고대 거석 유적 Stonehenge의 재현

이 정원은 1995년에 처음 방문한 이래 여러 차례 답사하였다. 하지만 올 때마다 새롭게 바뀌었고 시간에 쫓겼던 기억으로 미루어 보면 끊임없이 성장과 발전을 거듭하고 있다는 사실이다. 최근에는 두 번을 연속하여 하루 종일 머물며 답사에 도전하고도 시간이 부족하여 아쉬움을 남긴 곳이다.

방대한 부지 곳곳이 짜임새 있게 가꾸어져 다양한 모습을 제공하기 때문이다. 기존 정원을 새롭게 정비하는 한편, 주변의 여유 부지를 지속적으로 개발하여 편입시키고 있다. 그래서 이곳을 자주 찾게 되고 지루하지 않고 머물게 되는 것이다. 열대 정원 중 가장 추천하고 싶은 한 곳으로 평가하고 싶다.

열대 정원에 많이 활용되는 부겐베리아(Bougainvillea)

동물 형상으로 다듬은 Topiary

정교하게 손질된 조경수

정원과 산책로 요소요소에 배치된 여러 종류의 동물 모형은 하나 같이 사실적이고 생태적인 특성들을 섬세하게 묘사하여 교육적 활용가치가 무척 높다는 평가를 받는다.

조경을 전공한 필자가 공원이나 식물원 등 한 장소에서 가장 다양한 공간과 시설을 체험하고 느끼며 기록할 수 있는 장소를 꼽는다면 이곳을 세계 으뜸으로 평가하고 싶다.

프랑스 평면기하학식 정원

DIMETRODON

구엘 파크 *Spain, Barcelona*
Guell Park

답사 : 2002. 6 · 2018. 7.

천재 건축가 안토니 가우디Antoni Gaudi, 1852-1926가 남긴 보배로운 건축물과 작품들은 바르셀로나 곳곳에서 쉽게 만날 수 있다. 바르셀로나 시내 북쪽의 야산 기슭에 자리한 구엘 정원은 마치 동화 속에 등장하는 한 장면을 연상시키는 가우디의 대표적인 작품 중 하나로 인기를 누리며 사랑 받는다.

자연에서 영감을 얻은 곡선 위주의 디자인과 섬세하면서도 강렬한 색상이 특징인 가우디 특유의 디자인 수법이 넓은 공원 부지에 고스란히 살아 숨쉰다. 화려한 색상의 모자이크와 불규칙적이고 독특한 장식들이 눈길을 끈다.

자연에서 착상한 아르누보 양식의 작품들은 하나같이 화려하고 개성 넘치는 독특한 모습이다. 여러 형태의 모자이크 문양으로 장식된 벤취와 야자수를 닮은 돌기둥은 그의 개성과 열정이 담긴 대표적인 정원 가구로 평가받는다.

1922년 당시 완성된 건축물과 조형물, 가우디가 살았던 집 등을 포함하여 이곳 전체를 바르셀로나시 당국에서 운영하고 있다. 지역 주민은 물론 전 세계에서 몰려든 인파로 항상 인산인해를 이룬다.

구엘공원의 명소 포르티코(portico)

파도동굴로 불리는 portico

가우디 특징이 잘 표현된 지붕과 담장

조형물로 승화시킨 담장

필자는 이곳을 세 번째 답사하였지만 언제나 보수공사가 진행되어 여유롭게 뜰을 거닐거나 감상하며 기록할 수 없어 아쉬웠다.

이 정원은 1984년 유네스코 세계문화유산에 등재되었다.

구엘공원은 가우디의 오랜 친구이자 후원자인 구엘Eusebi Guell과의 각별한 인연이 만들어낸 산물이다. 이곳의 당초계획은 주변환경을 잘 살린 여유로운 고급 생태주택단지였다. 그러나 착공 이후 여건이 여의치 못해 건설이 중단되었고, 오히려 시민을 위한 공원으로 영구히 보존될 수 있는 계기가 된 셈이다.

포르티코(portico) 회랑

정원계단

산책로 기능의 포르티코

가우디는 평소 곡선을 무척 좋아했다. 그는 곧잘 '직선은 인간의 선이고, 곡선은 신의 선이다'라고 했다. 과도한 토목공사를 배제한 채, 등고선을 따라 자연스럽게 길을 내고 낮은 지역은 흙을 메우지 않고 다리를 놓아 연결하였다. 건설부지에 자생하는 기존의 자연식생을 최대한 활용하되, 일부 식물을 보강하여 전체가 조화롭게 처리되는 지극히 자연친화적이고 생태적 기법으로 단지계획을 수립한 사례로 높이 평가 받는다.

포르티코portico는 옥상이나 벽체를 지탱하기 위하여 설치된 열 기둥이란다. 공원 곳곳에 설치된 포르티코는 시각적 느낌이 좋아 조형물을 연상시킨다. 여름철에는 강렬한 햇살을 막아주는 휴식장소로 활용되며 동굴과 비슷한 환경이라 울림 효과가 있어 연주자들이 눈에 띈다. 축조 재료는 주변에 흩어져 있던 자연석을 활용하였다고 한다. 구엘 정원은 자연을 거스르지 않고 순응하며 최고의 예술성을 표출한 안토니 가오디의 걸작으로 사랑받고 있다.

티볼리 파크 *Denmark, Copenhagen*
Tivoli Gardens

답사 : 2017. 7.

덴마크의 수도 코펜하겐을 상징하는 놀이공원으로 1843년 개관하였다. 왕실 정원을 개조하여 만든 일반시민을 위한 새로운 형태의 도시형 공원으로 코펜하겐 중앙역 바로 앞에 위치한다.

덴마크 출신의 동화작가 안데르센이 이곳을 자주 찾아 새로운 동화의 영감을 얻은 곳으로 잘 알려져 있다.

이 공원의 모델이 이탈리아 Tivoll시에 있는 에스테가家의 정원이었기에 티볼리 라는 이름이 붙여졌다고 한다.

회전목마 등의 놀이기구와, 미니 카지노, 슬롯머신 등을 갖추었고, 특히 세계에서 가장 오래된 목조 롤러코스터는 이곳을 대표하는 명물이다.

놀이시설 사이 공간은 정성스럽게 손질한 정원과 온실, 체험공간과 다양한 분위기를 뽐내는 레스토랑과 휴게시설들이 눈길을 끌며 관람객을 유혹한다.

놀이시설과 떨어진 조용한 정원

옥외 휴게시설과 카페

중앙에 위치한 연못 정원

연못이 있는 중앙 정원

정원 카페

세계인의 사랑을 받는 디즈니의 창시자 월트 디즈니Walt Disney, 1910-1966가 코펜하겐의 티볼리 공원에서 영감을 얻어 디즈니랜드를 구상하는데 결정적 역할을 했다고 전한다.

어떻든 이곳은 세계 놀이공원의 효시로 각국의 놀이공원 조성에 직 · 간접적으로 영향을 미치게 된 상징적인 곳이다.

현재의 공원 운영 주체는 시민들이 참여하는 주식회사이며, 수익금은 대부분 이 공원을 유지하고 환경친화적으로 정비하는데 소요된다고 한다.

온실에서 운영되는 카페

연못 주변의 카페와 레스토랑

옥외공간은 여유로운 카페가 된다

축제 분위기의 주 진입로

매력적인 카페와 쉼터

중앙의 분수광장

온실을 이용한 체험공간

야생화 정원

정원감상

역동적 테마파크와 대비되는 고요한 정원

텐류지天龍寺와 호고인寶嚴院 *Japan, Kyoto*

Tenryuji Temple Arashiyama, Hogonin Temple Arashiyama

답사 : 2014. 4. 4 · 2015. 5. 16 · 2016. 11. 23.

1339년 조성된 텐류지天龍寺의 뜰은 '일본 정원의 고전이자 자존심'으로 불린다.

천황의 명복을 빌기 위하여 기존 별궁을 선종 사원으로 개축한 사례로 면적은 30ha에 이른다.

본당 뒤편의 연못을 중심으로 조성된 소겐치曹源池 연못정원은 야산을 배경으로 물과 소나무, 자연석이 조화롭게 어우러져 고요하고 편안한 분위기를 자아낸다. 이 뜰은 장엄하거나 화려하지 않지만, 말이나 글로 표현하지 못할 특유의 편안함과 여유로움이 묻어난다.

주변의 야산을 차경借景으로 끌어들이고 연못을 우아한 곡선으로 처리하였다. 마당에서 잠시 머물며 사색을 즐기기에 더없이 매력적인 곳이다. 연못의 뒤를 돌아가면 실개천이 흐르는 운치 있는 산책로와 야트막한 전망대가 있는데 수양벚나무가 만개하는 봄날은 그 절정을 이룬다.

창건 후 계속된 화재를 겪었고 현재의 모습은 메이지 시대에 재건된 것이다. 사찰과 이웃한 대숲 길과 함께 아라시야마의 대표적인 관광명소로 꼽힌다. 1995년 유네스코 세계문화유산에 등재되었다.

정원 산책로

수양 벚나무

본당 건물 뒤편의 툇마루와 마당에 놓인 긴 의자에서 바라보는 연못정원은 무척 자연스럽고 평화롭다. 꼭 용안사의 방장 마루에서 축경 정원을 감상하는 분위기와 흡사하다. 연못 주변을 산책하며 감상하는 지천회유식**池泉回遊式** 정원의 효시이자 백미로 평가받는 소겐치 정원을 지나면 실개천이 소리 내며 흐르는 숲속의 정원으로 이어진다. 숲속에 위치한 정원에는 다양한 화목류와 희귀 정원수들이 표찰을 달고 있어 작은 식물원을 연상시킨다. 말끔하게 관리된 정원 산책로를 걷다보면 생태적으로 안정된 분위기의 실개천과 녹지를 피복한 이끼가 매력적이다.

용틀임 형상의 나무

계류

실개천이 있는 숲속의 산책로

신록과 단풍으로 인기를 끄는 작지만 매력적인 정원이다. 2002년부터 신록의 봄과 가을 단풍 시즌에 맞추어 한시적으로 일반인에게 유료 개방한다.

이 정원은 천룡사 정원을 꾸민 무소국사의 손자에 의해 조성되었다고 전한다.

텐류지天龍寺정원이 앉아서 감상하는 정적 분위기라면 호고인寶嚴院은 정원 산책로를 따라 거닐며 느끼게 되는 숲으로 이루어진 아담하고 소담스럽게 가꾸어진 명품 뜰이다. 정원에는 일본전통 다실이 있어 말차를 마시며 여유롭게 뜰을 감상할 수 있다.

다실로 들어가는 사립문

자연의 소리를 들려주는 실개천

텐류지에 속한 이 정원은 교토정원의 매력을 유감없이 펼쳐 보여준다. 신록의 봄과 가을 단풍 시즌에 한시적으로 유료 개방되는데 인파로 붐빈다. 정갈하게 다듬고 가꾸어진 정원 산책로를 따라 거니는 재미는 지극히 편안하고 환상적이다.

맑게 흐르는 시냇물 소리와 정원 바닥을 뒤덮은 싱그럽고 청초한 이끼가 봄의 약동을 일러준다. 정원은 아라시야마의 숨은 보물이다. 다실 마루에 앉아 오감으로 정원을 감상하는 재미가 제격이다.

쾨켄호프 튤립 축제 *Netherlands, Amsterdam*
Keukenhof Tulip Festival

답사 : 2014. 4. 29.

네덜란드의 튤립 축제는 세계적으로 유명하다.

지구촌 최대 최고의 행사장에서는 튤립 신품종을 비롯하여 형형색색의 구근류와 봄 꽃들을 다양하게 만날 수 있다.

아름드리 거목으로 숲을 이룬 너도밤나무의 연둣빛 신록과 어우러진 각양각색의 꽃들은 아름답다는 차원을 넘어 환상적인 분위기를 자아낸다.

50여 일에 걸친 축제 기간에는 흥미롭고 멋진 퍼레이드와 꽃을 이용한 다양한 문화행사가 줄을 잇는다.

우리나라에서는 거리가 멀고 잘 알려지지 않아 튤립 축제에 대한 관심이 덜하지만, 유럽의 화훼 애호가들은 매년 이 축제를 손 꼽아 기다릴 정도로 인기가 높다.

축제기간에는 암스테르담 숙박 요금이 많이 오르고 예약이 곤란할 정도이다.

이곳은 네덜란드를 비롯한 유럽의 화훼 관계자들이 새로이 개발하여 육성한 신품종들이 세계 시장에 첫 선을 보이는 홍보 전시장이다. 그래서 꽃들이 새롭고 다채로우며 품질이 우수하다는 평가를 받는다. 2개월 정도의 축제 기간에는 일반 관광객은 물론 화훼 수입상들이 대거 이곳을 찾게 된다.

신록의 숲과 어우러진 튤립

봄의 환희

봄꽃들의 향연(만병초, 수선화, 튤립)

너도밤나무의 신록이 축제의 무대

화사한 신록의 봄

이른 봄에 피어나는 낙엽수들의 신록은 웬만한 꽃이나 단풍 못지 않게 아름답다.

네덜란드의 수도 암스테르담에서 멀지 않은 튤립 축제현장은 100년을 넘긴 너도밤나무가 무리 지어 울창한 숲을 이루는 호숫가에 위치한 평지다. 싱그러운 신록 아래는 갖가지 색상의 화사한 꽃으로 장식한 융단이 펼쳐진다.

거울 같은 호수에는 신록과 꽃 무지개가 아롱거린다. 신神들의 정원을 동천洞天이라 한다면, 이곳은 '지상의 낙원'이라 부르고 싶다.

꽃들의 율동

걷고 싶은 숲속의 산책로

새로 개발된 품종들이 자태를 뽐낸다

개화시기와 색감의 미묘한 차이

튤립축제에 찬조 출현한 봄꽃들

여유로운 숲속 카페

지금은 세계적인 '꽃과 문화 축제'로 성장하여 세계 각국의 관광객을 유치하여 꽃의 나라 네덜란드의 이미지와 정체성을 더 높여 준다. 이 축제는 국가 관광산업의 효자이자 지역경제의 견인차 역할을 하는 연례행사로 이미 자리를 굳혔다.

32ha**약 95,000평** 규모의 거대한 숲속에서 펼쳐지는 축제 현장은 역사정원을 비롯하여 수상정원과 자연정원, 일본정원, 난초원, 온실, 전망대, 레스토랑과 카페 등 갖가지 테마정원과 편익시설로 구성되어 있다.

싱그러운 신록이 무대가 된 축제의 봄

꽃의 색상과 질감을 고려한 디자인이 매우 중요하다

축제 현장은 참여할 수 있는 놀이도 필요하다

거목으로 자란 너도밤나무의 밝고 싱그러운 신록과 화사한 봄꽃이 연출하는 풍광은 그 어떤 무엇으로도 표현이 곤란할 것 같다.

유럽인들이 꽃과 정원을 좋아한다는 이야기는 오래전부터 많이 들어왔다. 튤립 축제는 이를 확인시켜 주는 현장 같다. 아름드리 너도밤나무 숲이 제공하는 거대한 그늘 막 아래는 형형색색의 봄꽃으로 가득하다. 봄기운이 완연한 신록의 품에서 펼쳐지는 원색의 향연은 형언할 수 없는 환상 그 자체다.

울창한 숲과 매력적인 정원이 축제의 기반이다

※본 책자 발간에 도움과 후원을 해 주신 기업과 단체에 감사드립니다. (무순)

멀구슬조경회
삼삼 컨트리클럽
(주)삼한씨원
우리꽃연구소(우리씨드 그룹)
한국조경개발(주)
EA조경기술사사무소

태영조경
에코비젼 21 연구소
예원조경
(주)이 에스 건설
(주)푸르름 조경
세종공조(주)

그룹 한
신라조경
태인이엔씨(양산)
물 빛 소리정원(통영)
한성개발공사
LOTUS(강주연못 전원카페)

칠암조경회
금진건축자재백화점
(사)한국식물원수목원협회
생각하는 정원(제주)

강호철 교수와 함께하는

세계의 명품 정원

PHOTOGRAPH & WRITTEN BY 강호철

Spacetime

| 책을 마무리 하며 |

이 책을 준비하며 꽤 많은 시간이 흘렀고 고민도 많았다.
착수한지 3-4년이 지나도록 생각 뿐, 진척이 없었다.
30만 컷이 넘는 방대한 사진 파일에서 발췌하고 선별하는 과정에 지치고 힘들어 더 많은 시간이 소요되었다.

급기야 2019년 한 해 안식년을 신청하여 강의 없이 책에 매달리기로 결심하였다. 복병은 숨어 있었다. 사진 정리 선별에 눈을 혹사하여 갑자기 시력장애가 온 것이다. 어쩔 수 없이 안과 전문의를 오가며 진행하였다.

이 책에 수록된 자료는 대부분 최근 10년 이내의 기록들이다. 하지만 실제 20-30년 전 부터 꾸준하게 관심을 갖고 준비해 온 결과들이다.

필자는 20년 동안의 서울 생활을 청산하고 1993년 현재 몸담고 있는 모교로 자리를 옮겨온 이래, '세계 도시의 녹색환경과 문화 & Landscape'라는 큰 주제를 갖고 미친 듯이 해외도시 현장을 누벼왔다.
나에게 답사는 사치스럽고 여유로운 관광 이미지와는 거리가 매우 멀다. 중노동이나 다름없는 강행군의 연속이었다. 매일 10시간 이상을 걷거나 3만보 안팎을 기록하는 발품과 땀으로 이어졌다. 나름대로 오랜 시간과 예산과 열정을 쏟았다.

도시화가 진전되며 텃밭이나 정원은 최근 들어 많은 사람들의 관심의 대상이 되었다. 정원박람회나 축제 등 전국 각처에서 행사가 줄을 잇는다. 관련 제도가 보강되고 예산이 증액 되는 등, 정원이 새로운 미래 산업 또는 환경복지 수단으로 부각되기도 한다.

이 책에 소개된 정원들은 우리의 자연환경이나 문화, 가치관, 정서가 다른 토대에서 생성된 것들이다. 그래서 원용은 곤란하거나 한계가 있을 것이다. 하지만 새로운 아이디어를 구상하는데 작으나마 도움이 될 것으로 믿는다. 이 책이 정원에 관심이 있거나 자연을 사랑하고 아끼는 애호가들에게 조금이나마 보탬이 되길 바라는 마음 간절하다.

이 책이 발간되기 까지 많은 분들의 희생과 격려와 도움이 필요했다. 답사 현장을 동행하며 모든 준비를 맡아 준 나의 영원한 반려자이자 총괄 Staff 박경선 님과 아들 현순이가 일등공신임에 이견이 없다.

대학원 수업에서 정원을 주제로 토론하며 고민을 나눈 여러 원우들께도 감사드린다. 자료 정리에는 대학원 손민경 선생의 많은 도움이 있었다.

한편, 변함없이 묵묵하게 최선을 다해 챙기며 도움을 주신 30년 인연의 Spacetime 김기현 대표님을 비롯하여 명품정원 보다 명품 책을 만들어 보겠다며 여름휴가도 포기한 채 세심하게 편집을 맡아주신 심현일 실장님께 감사드린다.

요즘 책이 잘 팔리지 않는다. 전공서적은 더욱 그렇다. 이러한 현실적 어려움을 염려하며 격려해 주신 분들도 많다. 이 책이 발간되면 정원과 조경분야를 알리는 홍보대사로 활용하겠다거나, 자연을 좋아하는 지인들에게 선물용으로 쓰겠다며 예약까지 해 주신 고마운 분들이다. 진심으로 감사드린다. 그래서 더욱 어깨가 무겁고 신경이 쓰였다. 그 고마움을 결코 잊어서는 안 될 것이라고 다짐해 본다.

2019. 10.

와룡산 자락, 용치산방에서 필자

*저자 강호철 교수는 임학과 조경학을 전공하였고 한국종합조경공사와 건축연구소에서 근무하였다. 80년대 잠실 체육공원과 아시안선수촌 및 기념공원, 삼성동 무역센터 조경시공 감리를 담당하였다. 경상남도 문화재위원(자연분과)을 비롯하여 도시계획위원회와 건설기술심의위원회 등 여러 자문활동을 하였고, 한국조경학회 영남지회장과 전통조경학회 부회장을 역임하였다. 녹색교통을 신봉하며 평생 승용차를 갖지 않고 도보로 출퇴근하는 환경운동 실천가이다. 많은 선진도시를 답사하며 기록한 자료를 '라펜트'(녹색문화예술 포털)에 '경관일기'라는 제목으로 230 여 차례 연재중이다.
도시경관을 기록하는 탁월한 심미안과 감각을 지닌 도시조경 전문가이다. 조경기술사로 현재 국립경남과학기술대학교 건설환경공과대학 조경학과에 재직하고 있다.

강호철 교수와 함께하는

세계의 명품 정원

초판 1쇄 2019년 11월 5일

지 은 이 강호철
발 행 인 김기현
발 행 처 시공문화사
등 록 1993년 3월 12일
주 소 서울시 서대문구 독립문 공원길 13 (현저동 200) 극동프라자 5층
전 화 02) 3147-1212, 2323
전 송 02) 3147-2626

http://www.spacetime.co.kr
spacetime@korea.com

편 집 디자인·현 심현일 / 02) 322-9941
인 쇄 예림인쇄
제 본 (주)다인바인텍
용 지 (주)대림지업사

ISBN 978-89-5592-423-7

정가 65,000원